目次

はじめに～ようこそ！VUI温泉へ ……………………………………………………… 7
ご挨拶＆ご説明 ……………………………………………………………………… 7
動作環境について ……………………………………………………………………… 8
サンプルデータのリポジトリー ……………………………………………………… 9
免責事項と表記関係 …………………………………………………………………… 9
謝辞 …………………………………………………………………………………… 9
底本について ………………………………………………………………………… 9

第1章　音声アプリの企画 …………………………………………………………… 11
1.1　企画を立てよう ………………………………………………………………… 11
1.2　企画のタネを見つけよう ……………………………………………………… 11
1.3　その企画はシンプルかどうか？ ……………………………………………… 13
1.4　企画ができたら ………………………………………………………………… 13

第2章　プラットフォーム ……………………………………………………………… 15
2.1　各プラットフォームのベストプラクティスを理解しよう ………………… 15
2.2　各プラットフォームの概念的な差異 ………………………………………… 15
　　　Amazon Alexa ……………………………………………………………… 16
　　　Google Assistant …………………………………………………………… 16
　　　LINE Clova ………………………………………………………………… 17
2.3　各プラットフォームの機能的な差異 ………………………………………… 18
　　　音声アプリでの課金 ……………………………………………………… 18
　　　報酬プログラム …………………………………………………………… 19
　　　コンテスト ………………………………………………………………… 20
　　　B2B向けのソリューション ……………………………………………… 20
　　　広告 ………………………………………………………………………… 21
　　　通知機能 …………………………………………………………………… 22
　　　アカウント連携 …………………………………………………………… 22
　　　決済 ………………………………………………………………………… 22
　　　通話 ………………………………………………………………………… 23
　　　話者識別 …………………………………………………………………… 23
　　　フリーワードをテキストで取得 ………………………………………… 25
　　　ルーティン ………………………………………………………………… 25
　　　Announcements/broadcast（一斉通知） ……………………………… 25
　　　音声アプリマーケット …………………………………………………… 26
　　　ボイスショッピング ……………………………………………………… 26
2.4　どのプラットフォームから作ればいいの？ ………………………………… 26

第3章	設計	28

3.1 音声アプリのUIを設計していこう 28
音声アシスタントはあまりおしゃべりになってはいけない 28
ユーザーが話す言葉を端的にしてあげる 28
音声アシスタントを人格として考えるべき 28

3.2 スマートスピーカーの中の人格を決める「履歴書」を作ろう 29

3.3 ハッピーパスについて 31
ハッピーパスを作ろう 31
ハッピーパスを声に出して読み上げよう 32

3.4 音声アプリの本格的なフローを書こう 32
アカウント連携の有無 33
ユーザーの起動回数による内容の可変の有無 33
呼び出し名について 34
選択肢について 34
ユーザーが回答しやすい質問の仕方の工夫 35
ユーザーへの応答はバリエーションをきかせて 36
エラー返答のコツ 36
SSMLを効果的に使おう 36
音声アプリのフローのサンプル 37

3.5 デバッグ 38
デバッグが音声アプリの最も大変なところ 38
出来るだけたくさんのユーザーが「言いそうなこと」の発話サンプルを入れる 39

第4章	画面付きデバイスの対応について	40

4.1 対応すべき、した方が絶対にいい!! 40

4.2 5つの要素 40

4.3 画面ありきで考えないで! 41

4.4 画面付きデバイスの発売以前に公開したスキルについて 41

4.5 画面付きデバイスのテンプレートと自由度 41

4.6 ディスプレイテンプレートを使う際の注意など 42

4.7 Amazon Presentation Language について 43
デバイスごとに画面の見え方を設定出来る 43
音声と同期をして文字を強調出来る 43
アニメーションさせることが出来る 44

4.8 マルチモーダルスキルにおけるUI/UXの重要性 44

第5章	Voice UI/UX デザイナー	45

5.1 Voice UI/UX デザイナーと言う仕事 45

5.2 脚本の読み書きが強みに 46

5.3 いろんな場所にどんどん顔を出そう 47

第6章　Clovaスキル開発ハンズオン〜開発環境を用意しよう ……………………… 49

6.1　機材の用意 ……………………………………………………………………… 49
　　Mac ……………………………………………………………………………………… 49
　　Wi-Fi …………………………………………………………………………………… 49
　　スマートフォン ………………………………………………………………………… 49
　　Clovaデバイス ………………………………………………………………………… 49

6.2　Visual Studio Codeのインストール ……………………………………… 50

6.3　Node.jsの動作環境をインストール ……………………………………… 51

第7章　Clovaスキル開発者デビュー！ ……………………………………………… 56

7.1　これから作るもの …………………………………………………………… 56

7.2　LINE developers 登録 …………………………………………………… 56
　　LINEアプリで「PCからのログイン許可をONにするには？ ………………………… 57

7.3　Clova Developer Center β でスキルチャネルを作成 ……………… 60

7.4　Extentionの設定情報記入 ………………………………………………… 63

7.5　対話モデルの作成 …………………………………………………………… 65
　　カスタムインテント、サンプル発話の追加 …………………………………………… 67
　　英語で返答するカスタムインテントを追加 …………………………………………… 69

7.6　開発設定 ……………………………………………………………………… 70

7.7　アカウント連携 ……………………………………………………………… 71

7.8　ユーザー設定「スキルストア」 …………………………………………… 71

7.9　テスト ………………………………………………………………………… 74

第8章　スキル本体のプログラムを作る ……………………………………………… 75

8.1　Finderで、コードを置くフォルダをつくる ………………………… 75

8.2　「helloworld」コードのダウンロード …………………………………… 75

8.3　.envファイルの作成 ……………………………………………………… 78

8.4　npmをつかって必要なパッケージの追加インストール ……………… 79

8.5　エラーが出ちゃった時の調べ方 ………………………………………… 80

第9章　サーバーの起動 …………………………………………………………………… 82

9.1　RESTfulサーバーの起動 ………………………………………………… 82

9.2　ngrokクライアントのインストール …………………………………… 82

9.3　ClovaスキルとngrokのURLの紐付け ………………………………… 85

9.4　シミュレーターからの呼び出しテスト ………………………………… 87

9.5　トラブルシュート …………………………………………………………… 89
　　サービスの応答が「応答がありません。(undefined)」の場合 …………………… 89
　　サービスの応答「応答がありません。(502)」の場合 ……………………………… 89

第10章　実機で喋らせよう ··· 91

10.1　Clovaアプリで、テスト中のスキルを「有効」にする ································· 91

10.2　Clovaスキル「ハローワールド」の動作確認 ··· 96

10.3　トラブルシュート ··· 96

「すみません、よくわかりませんでした」系の返事をした場合 ······················· 96

「ハローワールドを起動することができませんでした。しばらくしてから、再度お試しください」と応答した場合 97

スキル名を呼んでも全く応答しない場合 ·· 97

家入レオの「Hello To The World」という歌が流れてしまった場合 ················· 97

10.4　Clovaは自分の発音をどのように認識しているかを調べる ························· 97

10.5　Clovaに英語を喋らせよう ··· 99

第11章　AWSにデプロイしよう ··· 100

11.1　AWSの無料枠を確認する ··· 100

11.2　AWSの無料アカウントを作る ··· 101

11.3　Lambda関数を作成 ··· 101

11.4　API GatewayにPOSTメソッドを追加 ·· 106

11.5　APIをデプロイ ··· 110

第12章　ClovaからLambdaに繋ぎこもう ·· 113

12.1　Lambda関数にあわせてClovaスキルを修正 ·· 113

12.2　node_modulesをインストール ·· 114

12.3　zip圧縮し、AWSにアップロード ·· 115

12.4　ClovaスキルからAPIに接続する設定 ·· 117

12.5　シミュレーターでテストする ·· 118

12.6　Lambda関数のテスト ·· 118

12.7　トラブルシュート ·· 119

12.8　実機でテストする ·· 120

12.9　まとめ ··· 120

目次 | 5

第13章　LINE botにメッセージを送ろう ……………………………………………… 121

13.1　Botの作成 ……………………………………………………………………… 122

13.2　BotのIDやハッシュ類を控えておく ……………………………………… 128

13.3　Lambda関数のコードダウンロード ………………………………………… 129

13.4　Lambda関数の上書き ………………………………………………………… 132

13.5　Lambda関数のテスト ………………………………………………………… 132

13.6　Clova実機テスト ……………………………………………………………… 133

13.7　ユーザーIDを動的に取得するように変更 ………………………………… 133

13.8　動的ユーザーIDによる、Clova実機テスト ……………………………… 135

13.9　まとめ …………………………………………………………………………… 135

第14章　IFTTT ……………………………………………………………………………… 137

14.1　IFTTTについて ………………………………………………………………… 137

14.2　Google Homeから家電を操作しよう ……………………………………… 138
レシピ名：「OKグーグル、ルーモス」というと部屋の灯りがつく ……………………………… 138

14.3　Amazon Alexaから家電を操作しよう ……………………………………… 139
レシピ名：朝起きたときAlexaのアラームをオフにすると、かわりにエアコンとテレビと灯りをつける …… 139

14.4　IFTTTで、Google Home向けのレシピを作ってみよう ………………… 141

第15章　Alexa Skill Blueprints …………………………………………………………… 151

15.1　Alexa Skill Blueprintsでスキルを作ってみよう ………………………… 151

あとがき …………………………………………………………………………………… 157

はじめに〜ようこそ！VUI温泉へ

ご挨拶＆ご説明

　……あら、お客様。大変失礼しました。
　いつからそこに？まるで影武者のようですね。
　私達たち、おしゃべりに夢中で気づきませんでした。
　忍びだけに、本日はお忍びのご旅行ですか？？？……うふふ。

　ようこそ、『VUI温泉』へいらっしゃいました。
　ささ、荷物はこちらに。スリッパお履きになって……。

　お客様、当温泉は、初めてでいらっしゃいますか？

　……あら、そうなんですね。ありがとうございます。

　当温泉は初めての方を特に大歓迎しております。

　長旅でお疲れでしょうけれども、当温泉のマニュアル『スマートスピーカーアプリのお品書き』を、この特製ウェルカムドリンクでも飲みながらゆっくりとお聞きいただけますでしょうか？

図: VUI温泉へいらっしゃいませ

　まず本書前半では、Amazon Alexa、Google Assistant、LINE Clovaの各プラットフォームの音声アプリを20本近く企画・設計をしてきた当温泉の若女将（叶姉妹で言うところの美香さん、阿佐ヶ谷姉妹で言うところの美穂さん）である元木が、経験から、企画立案の方法、プラットフォームの差異、ハッピーパスや会話フローの作り方や注意点、Voice UI/UXデザイナーの仕事とは何かといったことをしたためております。
　そして、後半は当温泉の名物女将（広瀬姉妹で言うところのアリスさん、倍賞姉妹で言うところの千恵子さん）が、LINE Clovaの開発について、本当の初心者でもちゃんと最後まで開発が出来るように図解をたくさん入れながら、親切にしたためております。また、ノンプログラミングでAmazon

EchoやGoogle Homeに対応したシステムを作る方法にも触れているので、そちらもお見逃しなく。

執筆自体は初心者ながら、Voice UIを愛する気持ちだけで、このマニュアル『スマートスピーカーアプリのお品書き』は、アツアツに仕上がっております。

……ところで、どうして二人でこのお品書きを作ることになったのか？……って？

それは、お客様がご出発される時に、お土産としてお話することにいたしますね。うふふ。

特製ウェルカムドリンクはいかがでしたか？

……おいしかった？それは良かったです。

朝早くから二人で、となりの酪農農家に生乳を搾りに行った甲斐がありました。うふふ。

図: 牛の乳搾りはいいぞ

それからお客様。VUI温泉の湯は、とってもなめらかでツルッツルになる美人の湯なんですよ。男性も女性も肌艶が良くなるんです。

それだけではなく、入るとほんの少しスキルが上がったような気分になる……なんておっしゃるお客様もいらっしゃるんです。本当かしら？でも、ありがたい限りですわ。うふふ。

さあ、ごゆっくりと『スマートスピーカーアプリのお品書き』を片手に、VUIのなめらかなお湯に浸かって、旅の疲れを癒してくださいね。

動作環境について

本書の第2部「Clovaスキル開発ハンズオン」では、Macを使った方法の説明をいたします。必要

なOSの種類などは、「機材の用意」で詳しくご説明します。

サンプルデータのリポジトリー

https://github.com/sitopp/clova-helloworld.git

免責事項と表記関係

本書に記載されている内容は、筆者の所属する組織の公式見解ではありません。

本書はできるだけ正確を期すように努めましたが、筆者が内容を保証するものではありません。記載された内容は、情報の提供のみを目的としています。したがって、本書を用いた開発、製作、運用は、必ずご自身の責任と判断によって行ってください。よって本書の記載内容に基づいて読者が行った行為、及び読者が被った損害について筆者は何ら責任を負うものではありません。

本書に記載されている会社名、製品名などは、一般に各社の登録商標または商標、商品名です。会社名、製品名については、本文中では©、®、™マークなどは表示していません。本書の内容は、2019年6月執筆時点のものです。

謝辞

書籍の作り方について、しのやん様に教えていただきました。いつも危ないところで助けていただき、本当にありがとうございます。

底本について

本書籍は、技術系同人誌即売会「技術書典5」で頒布されたものを底本としています。

第1章　音声アプリの企画

1.1　企画を立てよう

みなさんはこれまで、どんな企画をして来たのでしょう。

IT業界が長い人はフィーチャーフォンのWEBサイトを企画していた人もいるでしょうし、PCのWEBサイトのクリエイティブディレクターでした、と言う人もいるでしょう。

はたまた、印刷会社で紙媒体のディレクターやってました、と言う人。広告代理店で、とある企業の、とあるサービスのプロモーション全般の制作進行管理をやっていたと言う人もいるかもしれません。

全部、これまでの筆者の仕事なんですけどね。

業界は変われど企画畑でずっと働いて、ウンウン唸りながら日々企画を考えて情報収集を続けてきた人。さらにはマーケティングのことも考えて、悩みに悩み抜いて答えを出して来た人からしても、きっとVoice UIは未知なる世界ですよね。それでも、企画は企画。これまでやったことがないことを考えるのはワクワクしませんか？

音声アプリの企画のポイントは、次の3つです。

・音声で聞いたり、音声でコントロールして便利

・音声で聞いたり、音声でコントロールして新しい

・音声で聞いたり、音声でコントロールして面白い

この3つのどれかに当てはまる企画を考えましょう。逆に、次の3つは避けてください。ユーザーに使われないアプリを作っても仕方ありません。

・音声で聞いたり、音声でコントロールするよりもスマホの方がわかりやすい

・音声で聞いたり、音声でコントロールするとイラっとする

・音声で聞いたり、音声でコントロールする意味がない

あなたの自由な発想が次のVoice UIのマーケットを作っていきます！さあ、まずは自由に発想を巡らせましょう。

1.2　企画のタネを見つけよう

とはいえ、どうやってVoice UIの企画を考えればいいのかわからない……。初めてVoice UIに触れる人は、まずそこで立ち止まります。そうした時筆者は、2点大事にしていることがあります。

1点目は「PCを捨てて、街へ出よう」ということです。とにかく、街に出て情報収集しましょう。

例えば、喫茶店やカフェにて。好きな飲み物を頼んで席についたら、飲みながら周りの会話に耳を傾けます。マスターと常連客の会話、幼稚園にお子さんを送った後のママさんグループの会話。倦怠期なのかお互いにスマホに目を通しながらポツポツとするカップルの会話……。

気になった会話の内容をスマホのメモに書き留めます。特に相槌の打ち方は、気にするといいで

しょう。会話の種類は、人と人との関わりの数だけあります。

　音声アシスタントと人も「会話」のコミュニケーションで成立する関係です。日頃から会話を意識すると、あっと驚くような画期的な企画につながると信じています。

図: カフェや喫茶店は会話の宝庫

　2点目は、「他人の作った音声アプリを使い倒そう」ということです。

　「Voice UIの企画でこういうことが出来ないか？」という相談が時折舞い込みます。しかし、「もう既に世の中にそれ、あるから。しかもまんまだから」とか、「それは将来的にはできるようになるかもしれないけど、今はまだできないから」ということが多いのです。

　筆者や筆者の周りのVoice UIに関わる人間は、とてもマーケットに敏感です。新着の音声アプリがあればすぐに試してみますし、筆者の場合は試した上でその音声アプリのいいところ、悪いところをメモしています。

　そうすることによって、もう既に世の中にある音声アプリでも少し方向転換すれば新しい魅力的な内容になる可能性も出てきます。さらに、世の中にないとわかったらしめたものです。さっさと仲間を見つけて、作ってしまえばいいのです。

　他人の作った音声アプリを徹底的に使い倒すことによって、自分の企画にその知見が生きてきます。

図: 気軽に話しかけてどんどん使おう

1.3 その企画はシンプルかどうか？

　各プラットフォームのどのベストプラクティスを見ても共通して書いてあるのは、「機能はシンプルに」ということです。

　人は耳から聞いた情報を処理できる量が限られています。思い出してください。航空会社やクレジットカード会社の電話での音声案内を最後まで聞いて、「あれ、確認したい○○って何番だっけ？」とわからなくなり、結局また最初から聞き直すといった経験はありませんか？これは、その音声案内で可能な機能が多いために起こる弊害です。

　同じように音声アプリにおいても、複数の機能を入れようとするとユーザーを戸惑わせてしまいます。特に、これまでWEBやアプリでの企画をされて来た方は、あれもこれもと企画を盛り込みがちです。

　ユーザーを路頭に迷わせないためにも、企画段階から機能はシンプルに作ることをイメージしてください。

1.4 企画ができたら

　企画ができたら、それを周りの人に説明して聞いてもらいましょう。「想像できない」「それ、スマホでもよくない？」「意味がわからない」と言われたら、なぜ想像ができないのか、なぜスマホでもいいと思ったのか、なぜ意味がわからないのかを改めて掘り下げて考えます。

　例えば、筆者の企画のひとつである「カレシダンナの愚痴を聞くよ」と言う音声アプリを知人に説明すると、「アレクサがカレシダンナの愚痴を聞いてくれる」と言うコンセプトはとても想像しやすいし、わかりやすいと言われました。「スマホでもよくない？」と言った人はいませんでした。「友達でもよくない？」とは言われましたが。

　自分の彼氏や旦那の愚痴は、言う相手を選びますよね。笑い話になるのであれば誰に話しても大丈夫ですが、深刻な悩みになると誰彼構わず話すと言うわけにはいきません。

　音声アシスタントは、現時点ではまだまだAIとは程遠い存在です。何を言っても答えてくれると

言うわけではありません。その設計をするのは、あなたの仕事なのです。

　ところで、「カレシダンナの愚痴を聞くよ」を、どなたか一緒に作ってくださる開発者の方はいらっしゃいませんか？STORYLINE（現在はInvocable）を使って自分で作っていたのですが、デプロイのところでうまくいかずに、現状一旦中断しております……。かつ、きっとこのツールだけではこれは実現できないなという機能も出てきており、ああ、自分でコードが書ければなあと思う日々です。勉強中ではありますが、非エンジニアにとってはハードルが高く、悪戦苦闘しております。自分では最高にイケてる企画だと思っているのですが、どなたか一緒に作ってくださる方を募集しております！

図: リアルに募集中！

第2章　プラットフォーム

2.1　各プラットフォームのベストプラクティスを理解しよう

　企画ができたら、すぐにVoice UI/UXの設計に入りたいところです。ですが、その前に各プラットフォームが公表しているベストプラクティスを理解することが必要です。
- Amazon Alexa
    - https://developer.amazon.com/ja/docs/smarthome/best-practices-for-the-alexa-app.html
- Google Assistant
    - https://developers.google.com/actions/design/walkthrough?hl=ja
- LINE clova
    - https://clova-developers.line.biz/guide/Design/Design_Guideline_For_Extension.md

　このURLに書いてあることを、しっかり読みましょう。

　後ほど、筆者の経験も含めて、大切なことについては改めて詳しく述べていきますね。

図：プラットフォームから出ている文書は熟読！

2.2　各プラットフォームの概念的な差異

　各プラットフォームはもちろん別の企業なので、音声アシスタントには様々な差異があります。

開発しながら、咀嚼して捉えていくのが一番自分の糧になるのですが、ここでは概念的な差異を紹介します。

Amazon Alexa

Amazon Alexaは、音声アプリのことを「スキル」と呼びます。

Amazon Alexaが使えるデバイスに、自分の使いたい「スキル」をAlexaスキルマーケットからユーザーが選定して「有効にする」ボタンを押して追加し、カスタマイズしていく、という概念です。

呼び出し方を知っていれば、「有効にする」ボタンを押さずとも使えるようになりさらに便利になりました。

Amazon Alexaにおける音声での検索エンジンは、MicroSoftのBingを使っています。普段、Bingを好んでWEB検索で使っている人はなかなかのマニアックな方だと思いますが(いらっしゃったらすみません)、Alexaを使っている人は、みんな知らず知らずのうちにBingにお世話になっているのです。

Amazon Alexaもスマホのアプリから使えるようになりましたので、いつでもあなたのそばにAmazon Alexaがいるよ、と言う世界を目指しているように思います。

デバイスとしてはEchoシリーズというスピーカーを出しています。画面付きのデバイス「Amazon Echo SPOT」「Amazon Echo SHOW」を日本でもいち早く発売しました。後ほど説明しますが、**本当に、本当に、画面付きはいいぞー!**

個人的には、とてもオススメです。

図: Amazon

Google Assistant

Googleは、音声アプリを「アプリ」もしくは「アクション」と呼びます。

ただ、Alexaのようにマーケットから追加するというより、クラウドから「呼び出してくる」という概念です。

つまり、マーケットはあるのですがそこで「有効にする」という作業は必要はなく、単純にショーケースのような捉え方です。スマホで見ている場合は、「試してみる」のボタンを押下するとそのアプリが起動する形です。

もちろん、Google Assistantの検索はGoogleの検索エンジンです。

　これは筆者の個人的な想像の範疇を超えませんが、Voice UI市場の世界的シェアで当初GoogleはAmazonに遅れを取っていました。音声アプリにおいての検索エンジンをBingに取られるのは何としても避けたいことである、と考えているのだと予想します。

　ですので、Googleは「Google Home」「Google Home mini」だけでなく、スマホなどあらゆるデバイスで使える、世界で既に10億台（2019年1月現在）が動いていることを高らかにうたっています。大手の家電量販店を巻き込んだ販売戦略も、これまで日本ではGoogleがこの規模で行ったものはなかなかないのではないでしょうか。

　それくらいGoogleが本気で力を入れているプロジェクトである、と考えていいでしょう。

図: Google

LINE Clova

　LINEは大きく前述2社と違うところは、「キャラクター戦略」と「LINEアプリとの連携」です。

　まずは「キャラクター戦略」です。自社のオリジナルキャラクターである、「サリー」「ブラウン」に加え、「ドラえもん」「ミニヨン」などキャラクターのスピーカーを次々と発表しました。

　日本人のキャラクター好きは世界でも類を見ないものなので、そこに着眼したというところは日本を主戦場として見ているLINEの姿勢の表れでしょう。

　また、「LINEアプリとの連携」についても、これまでコツコツと増改築を進めてきたLINEアプリをしっかりとこのLINE Clovaとつなげているところが特徴的です（一方で少し使いづらく何がどこにあるか最早把握しづらいレベルです）。

　メッセージのやり取りや読み上げはもちろん、今後は企業アカウントやお店などが、LINEアカウントと連携したLINE Clovaの何かしらサービスを始めていくことが考えられます。

　また、2018年11月に行われたエンジニア向け技術カンファレンス「LINE DEVELOPER DAY 2018」で発表されたのが「LINE Things」です。これは、LINEがあらゆるモノとつながっていくというプロダクトです。これがClovaからも操作が可能になってくると、一気に情勢が変わってくる可能性も十分にあります。

第2章　プラットフォーム　17

図: LINE

LINE Clova

2.3　各プラットフォームの機能的な差異

　続いて各プラットフォームの音声アシスタントの機能的な差異について、表にまとめましたので説明します。

図: 音声アシスタント各PF別機能差異表

音声アシスタント各プラットフォーム機能差異表

		Amazon Alexa		Google Assistant		LINE Clova
		日本	アメリカ	日本	アメリカ	日本
マネタイズ	音声アプリ課金	○	○	△	○	×
	報酬プログラム	○	○	×	△	○
	B2B向けのソリューション	×	○	△	○	×
	広告	△	△	×	×	×
機能	通知機能	○	○	△	△	×
	アカウント連携	○	○	○	○	○
	決済	○	○	△	○	×
	通話	○	○	×	○	○
	話者識別	○	○	○	○	○
	フリーワードをテキストで取得	△	△	○	○	×
	ルーティン	○	○	○	○	×
	Announcements/broadcast（一斉通知）	○	○	○	○	×
導線	音声アプリマーケット	○	○	○	○	○
	ボイスショッピング	○	○	△	○	×

音声アプリでの課金

　日本での音声アプリでの課金は執筆時点において、Amazon AlexaとGoogle Assistantで始まっています。

　ただ、公式に始まっているのは（プラットフォームが公式に発表しているのは）現時点ではAmazon Alexaのみです。ここでは、Amazon Alexaでのスキル内課金を紹介します。

　2019年5月30日、スキル内課金を使ったスキルが、日本のAmazon Alexaユーザー向けにも開発できるようになりました。世界ではアメリカに続いて、日本が2ヶ国目の展開です。

　スキル内課金を使って開発をすると、開発者やサードパーティーは、スキルを収益につなげることができます。つまり、アプリマーケットと同じように、ビジネスとして成立させることが可能になったということです。

ユーザーはAlexaと対話をしながら、課金をしていくので、シームレスに課金を走らせることができます。

　ユーザーにお金を払ってもらうためのプレミアムコンテンツの例としては、トリビアスキルのヒントや、アドベンチャーゲーム内で追加購入できるお楽しみパック、コンテンツの本数が増える月額サブスクリプションなどが例に挙げられます。

　アメリカでは、既にスキル内課金を使ってビジネスとして成功させている開発者やサードパーティーが多数誕生しています。

　課金のタイプには3種類あります。

　1．スキル内で制限されている機能やコンテンツにアクセスできるようにする買い切り型

　2．一定期間プレミアムコンテンツまたは機能にアクセスできるサブスクリプション型

　3．ゲームのヒントやゲーム内通貨のように何度も課金、消費できる消費型

　プレミアムスキルのコンテンツは、無料で提供する部分も必要です。このコンテンツの無料部分で、ユーザーが課金してさらに使いたいと思うような内容を用意することが大切です。

　筆者の所属するサイバードからも『アタック25』のクイズスキルをサブスクリプションで、提供を開始しました。これから、どのようにユーザーの課金が行われるか楽しみです。フィーチャーフォンやスマートフォンで月額課金、従量課金の考え方に慣れているサードパーティーは、早くすべてのプラットフォームで課金が出来るようにならないか待っていることでしょう。

　Amazon Alexaでスキル内課金が始まったのは朗報です。マネタイズが出来ないと、クオリティの高い音声アプリを作り続けることは難しくなります。一方で、作り手側はユーザーがお金を払う価値がある音声コンテンツ作りを追求していく必要があります。

報酬プログラム

　報酬プログラムについては、日本でもAmazon Alexaで始まっています。筆者の周りでも何人か報酬プログラムで収入を得ている人が出てきました。素晴らしいことですね。

　Amazon Alexaの報酬プログラム対象のスキルカテゴリーは、

・教育・レファレンス

・フード・ドリンク

・ゲーム・トリビア・アクセサリ

・ヘルス・フィットネス

・子ども向け

・ライフスタイル

・音楽・オーディオ

・仕事効率化のカテゴリー

と指定されています。報酬を狙う人はそのカテゴリーにおける質の高い、そして継続的に使っていただけるような音声アプリを開発することをオススメします。筆者も……頑張ります！

　LINEには報酬プログラムはありません。そのかわり「Developer of the Month」と題して、月1

度、LINEのAPIを使った優秀なスキルに副賞（10万円）とLINE Engineeringブログにインタビュー記事の掲載をおこなっています。

※第一回の記事はこちら

https://engineering.linecorp.com/ja/blog/detail/339

コンテスト

Amazonは、2018年「Alexaスキルアワード」を開催しました。筆者は公式ハッカソンの東京と大阪に出場し、そこで作った音声アプリがファイナリストに選出されました。（やったー！ありがとうございます。皆さまのおかげです。）

筆者は非エンジニアなので、筆者が企画立案をしたアイデアに対して一緒にやってくださる方を探して開発をしていただき、筆者は会話設計とフロー作成を担当しました。また、ハッカソンでのプレゼンテーションと動画収録〜編集も行いました。

なお、Goooogleについては、2017年度はアメリカにおいて「Actions on Google Developer Challenge」というコンテストが開催されています。最高賞金は1万ドル（約111万円）と開発者会議「Google I/O 2018」のチケット、本社キャンパスツアーという夢の膨らむ内容でした。日本でもぜひ開催していただきたいと切に願います。

LINEでは、2018年は「LINE BOOT AWARD」が開催されました。こちらでも、本書の共同執筆者である伊藤さんと一緒に作った「らくらく移動ちゃん」というスキルがファイナルステージに進出しました！残念ながら、最終決戦には残れませんでしたが、皆さんの前でのプレゼンは非常に良い経験となりました。

2017年は、まだLINE clovaのサービスが始まっていなかったのでチャットボットの作品でしたが、2018年度はチャットボットとLINE clovaのアワードとなりました。何と大賞の賞金は1000万円！欲しかった……。

B2B向けのソリューション

B2B向けのソリューションは、日本で始まっているものはまだありません。アメリカのAmazonでは、「Alexa for Business」というソリューションが始まっています。

主に、会社組織などのビジネス用途で、その会社の中に所属している人が使えるものです。Amazon Alexaを使って、

・カレンダーの管理
・会議に参加するためのデバイスの操作
・情報の検索
・会議室への道順案内
・会議を声で始めたり、会議室内のデバイスをコントロール

などを行うことができます。

また、プリンターの故障をIT部門へ通知したり事務用品の注文など、オフィスでの雑務もAmazon Alexaで行えます。あらゆることが、Amazon Alexaを使うことで簡素になり、オフィスでも自宅で

も仕事を整理して重要な物事に集中することができるようになります。

　Amazonはそれだけにとどまらず、ホテルなどの宿泊施設のためのソリューション「Alexa for Hospitality」を2018年6月に発表しました。これもアメリカでのソリューションとなります。このシステムは、チェックイン・チェックアウトの時刻や、プールやマッサージルームなど施設のオープンの時刻などといった宿泊施設の重要な情報を、その宿泊施設ごとにカスタマイズが可能です。

　もちろん、宿泊客が泊まる部屋に置かれるので、部屋の清掃やルームサービスなどを声でお願いすることやエアコンの温度や照明を調節したり、テレビや目覚ましを声でコントロールしたり、といった客室におけるIoTを実現することが出来ます。また、宿泊客が客室から自宅にいる家族にAmazon Echoで電話をかけて、出張中に家族を安心させることもできます。さらにホテルのブランドイメージに合うような音楽やラジオを、TuneIn等を使って流すこともできます。

　つまり最新テクノロジーを利用している宿泊客で「宿泊先でも家にいる時と同じように最新テクノロジーを便利に使いたい」と思っている人を満足させることが出来るのです。同時に、他のホテルとの差別化にもなります。

　また、Googleについては、G SuiteのアカウントをGoogle Homeに連携させて、スマートオフィスにする方法があります。

広告

　広告については、どこのプラットフォームも慎重です。積極的にサードパーティーに広告を開放しているプラットフォームはありません。

　「radikoで音声広告が流れるのはいいのか？」「ローソンラジオはそもそもあの音声アプリ自体が広告になるのではないか？」という疑問もあるでしょう。AmazonはAmazon Alexaスキル内での広告についての見解を次のように公表しています。

https://developer.amazon.com/ja/blogs/alexa/post/de085f2a-3cfb-4549-9f23-52cdef6f263a/certification-jp-3rd

---

Amazon Alexa スキル内での広告についての見解

　スキル内部、あるいは外観に、広告または販売促進メッセージが含まれている場合、スキルの認定は却下されます。ただし、具体的な例外事項として、次のものは許可されています。
・音楽のストリーミング、ラジオのストリーミング、ポッドキャスト、フラッシュブリーフィングを実行するスキルは、次の条件を満たす限り、オーディオ再生による広告を組み込むことができます。
　１．広告でAlexaの声またはそれに類似した声を使用しておらず、Alexaに言及していない。かつ、Alexaとの対話を模倣していないこと。
　２．同じまたは類似したコンテンツをAlexa以外で使った場合と比べて、広告に追加がなく、実質的に変わらないこと。
・ユーザーが製品またはサービスを注文できるスキル（たとえば、ピザの注文など）には、その製品またはサービスの販売を促進するオーディオメッセージを組み込むことができます。
・ユーザーからの具体的なリクエスト（アレクサ、[スキル名]で今日のお得情報を教えて、など）に対するスキルの応答には、販売促進キャンペーンや割引を知らせるオーディオメッセージを組み込むことができます。
・製品またはサービスの販売促進が目的のスキル（たとえば、洗濯洗剤の効果的な使い方を説明するスキルなど）には、その製品またはサービスを宣伝するオーディオメッセージを組み込むことができます。

やはり、現在はVoice UI市場全体がまだ黎明期と言えるので、そこに広告が入ってくるとユーザーは敬遠したくなってしまいます。今はまだ使うユーザーを増やしていく時期なので、敬遠されては元も子もありません。そういう視点でも、広告に対しては慎重にならざる得ないでしょう。

通知機能

Amazon Alexaにおける通知機能は、プッシュというよりは、プル型です。

Amazon Echoのリングが黄色に光っている時に通知が来ているので、「Alexa、通知は何？」と聞くと、Amazon Alexaが教えてくれるという流れになります。ただし、前提としてユーザーが通知機能を使うためにはAlexaアプリで通知の許可を設定する必要があります。

Alexaアプリから音声アプリを有効にすると、その過程で通知を有効にするかどうかを選択するポップアップが開きます。このポップアップは、通知やAlexaデバイスの登録住所へのアクセスなど、ユーザーの許可が必要な機能を利用しているスキルが有効にされた時、自動的に表示されるものです。ここで「Alexaの通知」を有効にすることで、ユーザーは通知を受け取ることができるようになります。

サードパーティーの音声アプリで、自由にこの通知機能を搭載できるかというと微妙です。やはり何でもかんでも通知をバンバン飛ばすということになると、ユーザーが鬱陶しく感じてしまい、利便性も下がってしまうことになりかねません。ですので、現在Amazonは審査を通じて「これであればユーザーにとって便利だね」というものしか通していないように見受けられます。もちろん全面的にNGではないので、通知が来ることで本当にユーザーの利便性が上がると言いきれる内容のものについては、申請に出して判断を仰ぐことをオススメいたします。

Googleは現状、リマインダー機能の通知機能として、時間になるとGoogle Homeが音とライトで通知する、ということが出来ますが、それ以外は通知機能がないようです。

LINEの場合は、LINEのメッセージが届いている時に音とライトで通知してくれます。

個人的には、通知があるかないかを聞くのは面倒なので、勝手に喋ってくれてもいいのですが、やはりそれは気持ち悪いのでしょうか……。

アカウント連携

アカウント連携は、既存のWEBサービスやアプリのサービスで管理しているユーザーのIDを連携させるものです。例えば「このWEBサービスで月額会員の人は、この音声アプリを利用できます」というようなサービスを展開する時に使います。既存のサービスの幅を拡げ、そこでまた新しい顧客を開拓するのに有効な手段です。

この機能ですが、現時点で筆者はまだアカウント連携をした音声アプリを作ったことがありません……。近い未来、挑戦してまいります。大変申し訳ありません。

決済

「声で買い物が出来る」というのは本当に便利で、新しい体験です。例えば、ストックしておきたい食料品や飲料など、買いなれたもの、つまり「いつものアレ」を買ったりするのに、声でのショッ

ピングは大変便利です。

決済については、Amazon は Amazon Pay、Google は Google Pay、LINE は LINE Pay が導入されています。声での決済が一般的に利用されるようになるのは時間の問題だと推測しています。

ITの仕事を長くやっていると色々な経験をします。Voice UI 市場における声での買い物については、「フィーチャーフォンで買い物なんか誰もするわけがないじゃないか」と言われていた時ととても似ている、と感じます。

18年くらい前、とある携帯キャリア会社のフィーチャーフォンの決済を利用できるショッピングモールをサードパーティーとして作ったことがあります。しかし実際、やはり物を売るのは難しかったのです。

しかし、フィーチャーフォンがスマートフォンに進化したように、Voice UI にも画面付きのデバイスが今後どんどん増えてくると予測されます。そうすると、画面を見ながらの買い物が容易になっていくのです。

通話

通話については、Amazon Alexa はまさにこの本を執筆途中で、進化を遂げました。Amazon Echo のデバイス同士でハンズフリー通話ができる「ビデオ・音声通話」と、録音したメッセージを送信・再生できる「メッセージ送受信」、外出先から自宅の様子を確認できる「呼びかけ機能」が追加されました。

ユーザーは、Alexa アプリに電話番号を登録し、デバイスの「連絡先」へのアクセスを許可することで利用できるようになります。ビデオ・音声通話は、Amazon Echo のデバイスに「Alexa、お母さんに連絡して」のように話し掛ける、もしくは、Alexa アプリで連絡先を選択して通話アイコンをタップすると利用することができます。

着信のあった Echo シリーズはライトが緑色に光るので「Alexa、応答して」と言うと、かけてきた電話の相手と通話できるようになります。

「拒否して」（悲しい……）と言えば着信を拒否し、「切って」と言えば通話を終了します。

画面付きデバイスである「Amazon Echo SPOT」は、スクリーンに着信相手が表示され、通話相手と自分の両方が「Amazon Echo Spot」か Alexa アプリを使用している場合は、端末に搭載したカメラでのビデオ通話も可能です。

これは画期的なことで、iPhone のデフォルト機能の FaceTime や、LINE での通話やメッセージ送信に慣れているユーザーですら、「あれ、実はこれって便利だな」と鞍替えをするようなインサイトを突いてきていると考えます。

LINE については、Clova Desk が発売になりビデオ通話が可能です。

話者識別

話者識別は、Google、Amazon、LINE で可能です。詳しく説明していきます。

Google

Google では、Google Home アプリから「Voice Match」を設定することで話者を識別します。表

示される手順に沿ってアシスタントに自分の声が認識されるよう登録します。「OK Google」と2回、「ねぇ Google」と2回言い、「続行」をタップします。これにより、デバイスとそれを使う人の音声が紐づけられます。

　余談ですが、この作業とあわせて、[アカウントに基づく情報をオンにする]ことをオススメします。

（以降、https://support.google.com/googlehome/answer/7684543?co=GENIE.Platform%3DAndroid&hl=ja から一部引用）

　アカウントに基づく情報を有効にすると、Google アシスタントは次のようなアカウントに基づく情報を読み上げたり表示したりできるようになります。

・Google フォト
・メール（フライトの予約状況や請求など、Gmail のアカウントに基づく情報を含む）
・Google カレンダー
・連絡先
・リマインダー
・アシスタントに覚えさせた情報
・ショッピング リスト
・購入履歴
・おすすめのレシピ

Amazon

　Amazon は、アメリカでは、「Amazon Voice Profiles」で話者を識別してパーソナライズしたスキル開発ができるようになったと発表していました。日本の Amazon Alexa にその機能が入るのを楽しみにしていたのですが、つい先日、本書を執筆中に対応しました。10個ほど、Amazon Alexa が言った文章を復唱する形なので、Google に比較すると少し難易度が高いのですが、筆者は一回で音声プロファイルの登録に成功しました。集中してやれば、問題なく登録が完了するでしょう。

　それでは、Amazon Alexa の音声プロファイルを登録すると、出来るようになることをご紹介します。

（以降、https://www.amazon.co.jp/gp/help/customer/display.html?nodeId=202199440　から一部引用）

・Alexa コール・メッセージ: 自分に送信されたメッセージだけが再生され、自分からのメッセージだけが送信されます。
・フラッシュニュース: Alexa があなたの声を認識すると、フラッシュニュースはあなたがすでに聞いたストーリーやニュースをスキップします。
・ショッピング: 音声コードが有効な場合、購入手続きを行うたびに音声コードを言う必要がなくなります。
・ミュージック: Amazon Music Unlimited ファミリープランをお持ちの場合、Alexa は、声に基づいて楽曲再生をカスタマイズします。
・ミュージック: Amazon プライム会員の場合、Alexa は、声に基づいて楽曲再生をカスタマイズします。

LINE

　LINEは、これまではClova専用アカウントからのメッセージしか送れませんでしたが、2018年12月に、個人のLINEアカウントからLINEにメッセージを送れるようになりました。「声登録」をすることで、他の人が勝手にメッセージを送ったりすることを防止することができます。4回「ねぇ、Clova」と言うだけで登録が出来たので、Googleと同様に簡単でした。

　このように各社話者を識別して、さまざまなことができるようになってきています。個人をデバイスが識別することでセキュリティー面でも安心ですし、何よりも便利なことが増えますね。Voice UIの世界をより充実したものにしてくれるのが、話者識別だと実感しています。

フリーワードをテキストで取得

　ユーザーが発話したフリーワードをスピーチtoテキストで聞きとりするのが得意なのは、何と言ってもGoogleです。Googleは執筆時点でもほとんど正確にユーザーの発話したフリーワードを聞きとってくれます。1年前に音声アプリを開発していた時点では聞きとってくれなかった特定の場所などの固有名詞にも強くなりました。明らかな進化を感じ取ることができます。

　一方、AmazonとLINEはできなくはないのですが、まだまだ苦手です。音声アプリを開発する際にむやみやたらにフリーワードを聞きとりするような内容にすると、自分の首を絞めることになってしまいます。

ルーティン

　AmazonとGoogleで対応しています。

　Amazonでは「定型アクション」、Googleでは「ルーティン」と呼びます。ユーザーのある一言をトリガーにいくつかの内容を実行できるのがこの機能です。例えば、「OK Google、おやすみ」の一言で部屋の照明を消し、朝のアラームをセットして、明日の一番早いスケジュールを読んでくれる、というようなことが出来ます。

　人間の行動はある一定の習慣に則っていることが多いため、毎日やることであれば、その一言ですべてが自動的に提供されるというのは、非常に便利です。

Announcements/broadcast（一斉通知）

　Googleはbroadcastが実装されています。例えばキッチンからお母さんが、各部屋にいる家族に対して、「ご飯できたわよ」と大きな声で叫ばなくても、Google Homeに話しかけると、各部屋のGoogle HomeやGoogle Home miniにお母さんの声がそのまま届くという便利な機能となります。

　Amazonでは、音楽という面では、マルチルームミュージックを使用すると、サポートされているAmazon Echo端末および互換性のあるスピーカーで音楽を同時に再生およびコントロールできるようになりました。しかし、Googleでのbroadcastにあたる「Alexa Announcements」は日本では利用できません。

音声アプリマーケット

　ユーザーは各プラットフォームの音声アシスタントを使って何ができるかというのをどこで知るかというと、各プラットフォームのサイトやアプリからマーケットで知ることが多いと予測します。

　個人的見解としては、やはり概念の違いからかAmazon Alexaが最もマーケットとしてしっかりとしているように見受けられます。スキルのマーケットに行って、そこから「有効にする」という概念があるためでしょう。GoogleとLINEは、マーケットがあるにはありますが、マーケットというよりは、「オススメ機能」というような見せ方になっています。

ボイスショッピング

　やはり通販事業の雄・Amazon。さすがにボイスショッピングは一強です。

　「声だけで商品を見ないで買うなんて不安じゃないの？」と思うユーザーはまだまだ多いですが、水やトイレットペーパー、ペットのトイレの砂など、いつも購入する品物が決まっているような場合には大変便利ですし、今後は画面付きのデバイスも増えていくと予想されますので、画面を見ながら声で注文する、という通販スタイルは数年後には当たり前のことになると考えます。フィーチャーフォンの時代にも、「誰が携帯電話で買い物をするんだ」という言葉はたくさん聞きました。スマートフォンへとデバイスは変化しましたが、当たり前のように携帯電話で品物を購入する時代はやってきたので、ボイスショッピングについても数年後のスタンダードになると、筆者は信じています。

2.4　どのプラットフォームから作ればいいの？

　筆者の場合、音声アプリは自社の業務として作り始めたのですが、マルチプラットフォーム対応する場合は、一番最初はAmazon Alexaから作り始めました。その内容を一部改編しながら、Google Assistant、LINE clovaの順番に展開していった形になります。

　各プラットフォームの日本マーケットでのローンチ、特にサードパーティーがアプリを作っていい状態になった順番に自然と作ることになりました。今、もしまっさらな状態で考えた場合には、Amazon AlexaとLINE clovaを同時に設計し、Google Assistantはそれをもとに一部改変して設計することを選択します。

　……というのも、Amazon AlexaとLINE clovaは構造が比較的似ているためです。スキルフロー設計上もそうですし、何人かのエンジニアに聞いたところ、「構造が似ている」という回答が返って来ています。

　もちろん、お客様から仕事を依頼されて作る場合もあると思いますので、そのお客様がどのプラットフォームを優先で考えるかということにも左右されるでしょう。しかし、そういう事情がない限りは、Amazon AlexaとLINE clovaを同時に設計し、Google Assistantはそれをもとに一部改変して設計する、という順番で間違いないでしょう。

図: プラットフォーム差異は勉強になりましたか？

第3章　設計

3.1　音声アプリのUIを設計していこう

　企画ができて、各プラットフォームのベストプラクティスや差異を理解したら、Voice UIを設計する段階に入ります。ユーザーと音声アシスタントの会話設計時に注意することは3つあり、この項で順に説明します。

音声アシスタントはあまりおしゃべりになってはいけない

　アプリを起動して、音声アシスタントが話し始めると、ユーザーは当然その言葉を聞きます。聞くということはユーザーはその聞いている分の時間を使う、ということになります。

　Voice UIのキモでもあるのですが、そのユーザーが聞いている時間が心地いいもの、意味のあるものにしないと、次からそのアプリは使ってもらえません。音声アシスタントは端的に必要なことを話す、ということを心がけましょう。

　一部例外があるとしたら、キャラクターや声優、俳優、アイドルの生声や音声合成エンジンを使っている場合です。その人のファンや、その人に興味がある人が利用するので、「その人の声をずっと聞いていたい」というニーズがユーザーにあります。その場合は、たくさん喋るような内容にしてもいいかもしれません。

ユーザーが話す言葉を端的にしてあげる

　本当はユーザーが好きなことをベラベラと話しても、全て汲み取って音声アシスタントに回答させたいのですが、そうもいかないのがこのVoice UIです。ある程度、ユーザーが端的に答えやすいように、また、迷わないように作り手の方で誘導しつつ、自然な会話になるような設計にすることをオススメします。

音声アシスタントを人格として考えるべき

　音声アシスタントを人格としてみなしている自分に気づいたことはありませんか？例えば、Amazon Alexaを起動して、天気を聞いたのに、「すみません、よくわかりませんでした」と言われた時、あなたはどんな反応をしますか？舌打ちしたり、「は？」と怒ってみたり、「ちゃうわ！」と突っ込んでみたり。

　これは全て、音声アシスタントを人格としてみなしているから、思わず出てしまう言動なのです。キャラクターなどを使わない場合でも、音声アシスタントは人格として、考えてください。次項では「どうやって人格として考えるか」のヒントを紹介します。

28　第3章　設計

図: 音声アシスタントは人格であると認識して

3.2 スマートスピーカーの中の人格を決める「履歴書」を作ろう

　音声アシスタントを使うにしても、キャラクターや声優・俳優・アイドルを使うにしても、どのような音声アプリを作るかの「履歴書」をまず作成することをオススメします。

　ユーザーは、音声アシスタントを人格としてみている、ということはお話しました。キャラクターや声優・俳優・アイドルには、もともとのユーザーが感じている印象があります。

　ユーザーと対峙する音声アシスタントはどんな性格なのか？キャラクターや声優・俳優・アイドルは、どんな印象を与えているのか？それを全て書き出していくのです。

　特に音声アプリを作るために新しいキャラクターを生み出す場合は、この作業は丁寧に行った方がいいと思います。筆者も、音声アプリのためにとあるキャラクターを０から作りましたが、この「履歴書」には助けられました。こういう性格だから、こんなことは言わない、こういう癖があるからこういう行動しがち……など、頭の中ではわかっていることも可視化することで、作り手みんなの共通認識になります。

　途中で迷っても、この「履歴書」に立ち戻れば、どういう音声アプリを作ろうとしていたかの原点を思い出すことが出来ます。

　そして、途中で方針が変わった場合には、この「履歴書」を修正し、常に最新の音声アプリと同期が取れた状態にしておきます。

　「履歴書」の例を挙げますので、参考にしてみてください。最低限これがあれば、音声アプリの履歴書として成立するという項目を入れていますので、項目についてはご自身でカスタマイズしていただければと思います。

図: 履歴書を作ることで企画立案時の原点に戻れる

スキル/アクション　履歴書

2018　年　　月　　日作成

▼基本情報

（スキル/アクション アイコンイメージ）	スキル/ア クション名 称			
	誰が使うか			
	誰が喋るか		喋る人の イメージ	
スキル/アクション概要				
スキル/アクションが使われ るシチュエーション				
スキル/アクションで 使う人が期待すること、成 し得ること				
スキル/アクションで 使う人が出来ない事				
他の媒体から取得すべき情 報（WEBサイト・アプリ 等）				

▼スキル/アクション側の喋る人（AI）の口調イメージ

冷静	1	2	3	4	5	情熱
かっこいい	1	2	3	4	5	かわいい
説明的	1	2	3	4	5	直感的
ビジネス	1	2	3	4	5	カジュアル

▼スキル/アクションを使った結果どうなるか

使う人はこのスキル/アク ションを使うことで、何が 享受できるか（他の方法で は得られないもの）	
使う人に どう思ってほしいか	
二次的産物は 何が生まれるか	

　次に、履歴書の項目を掲載しておきます。もちろん、この項目だけが正解ではありません。あなたが考える、「音声アシスタントの履歴書」を作り上げて行けばいいのです。

　良い音声アプリは、ユーザーと良い関係を結べていること。それが非常に重要となります。良い関係を結ぶためには、ユーザーと対峙するその人格を明確なものにしておく必要があるのです。

　この人ともっと一緒にいたいな、もっと話したいな、遊びたいな・・・そうユーザーに思ってもらえるような人格形成の一歩め。それがこの「履歴書」なのです。

「履歴書」の項目

・スキル/アクション名称
　―音声アプリの名称を記入します。
・誰が使うか
　―ユーザーのターゲットを決め、その音声アプリは一体誰が使うものなのかを記入します。

30　第3章　設計

・誰が喋るか

　―音声アシスタントが喋るのか、キャラクターや声優、俳優さんが喋るのか、具体的に記入します。

・喋る人のイメージ

　―音声アシスタントであれ、キャラクターや声優、俳優さんであれ、喋る人のイメージを記入します。フランクで優しい感じ、きっちりと折り目正しい感じ、などというように。

・スキル/アクション概要

　―その音声アプリの概要を記入します。できるだけ細かくどんなことが出来るのかを書いておくことをオススメします。

・スキル/アクションが使われるシチュエーション

　―ターゲットのユーザーはどんな時にその音声アプリを使うのかを記入します。リビングでくつろいでいる時なのでしょうか、朝の忙しい時間帯なのでしょうか。

・スキル/アクションで使う人が期待すること

　―ターゲットのユーザーはその音声アプリをどんなことを期待して使うのでしょうか。それを記入します。

・スキル/アクションで使う人が出来ない事

　―音声アプリは魔法の杖ではないので、ユーザーがそれを使うことで期待するけれども出来ないこともあるはずです。それを記入します。

・他の媒体から取得すべき情報（WEB サイト・アプリ等）

　―WEB サイトやアプリから情報を引っ張ってくる必要がある音声アプリもあると思います。その場合はどんな情報をどこから引っ張ってくるかを記入しましょう。

・使う人はこのスキル/アクションを使うことで、何が享受できるか（他の方法では得られないもの）

　―ターゲットのユーザーはこの音声アプリを使った結果、体験として何を得るのでしょうか？それを記入します。

・使う人にどう思ってほしいか

　―ターゲットのユーザーにこの音声アプリを使ってもらって、どう感じてほしいかを記入します。「面白いから毎日使いたい」「便利なので友達にも進めて一緒に使いたい」などというようにです。

・二次的産物は何が生まれるか

　―この音声アプリを作ることで何か他に形として残るものはありますか？例えば Google スプレッドシートにログが残る、といったように。そういうものがあれば記入します。

3.3　ハッピーパスについて

ハッピーパスを作ろう

　ユーザーと音声アシスタントのやり取りで、一通りうまく最後まで通せる台本を作りましょう。それがハッピーパスです。初めてその音声アプリを使うユーザーを想定して、滞りなく、シンプルに最後まで使った場合の台本を作るのです。

　この時にいちばん大事なことは、とにかく流れを一旦作ってみるということです。ハッピーパスを描いてみないと始まりません。まずは書き始めてみましょう。エクセルでもパワーポイントでもワードでも何でも構いません。自分の使いやすいツールで作ってください。ただし、お客様である企業からの依頼が多い場合は、パワーポイントで作っているとそのまま企画書に貼ることができるので便利です。

　ハッピーパスのサンプルとして「カレシダンナの愚痴を聞くよ」のハッピーパスを、次に UP しておきますので、よろしければ参考にしてみてください。

第 3 章　設計　31

図: 音声アシスタントとユーザーの会話を書き切ろう

ハッピーパスを声に出して読み上げよう

　ハッピーパスができたら、誰かに手伝ってもらって声に出して読み上げていきましょう。あなたがユーザーの役、同僚が音声アシスタントの役、というように役割分担をし、寸劇のごとく、声に出して読み上げるのです。

　声に出して読み上げると、「この音声アシスタントのセリフ、もっと短い方がいいな」「これでは、ユーザーがどう答えたらいいか迷ってしまう」といったように、自分が作った音声アプリの設計の様々な穴に気づきます。設計の工程には、確認の作業が必ず入ります。作り上げてしまう前に、確認をして、穴があったらその穴を埋める、杭が足りなかったら足す、といったような見直しが必要なのです。

3.4　音声アプリの本格的なフローを書こう

　ハッピーパスが出来上がったら、フローをしっかりと書き上げていきましょう。いよいよ、Voice UI/UXデザイナーの本領発揮です！

　筆者が作ったことがある音声アプリは、Amazon Alexaでいうと自由に内容を作ることができる「カスタムスキル」と主にニュース配信する時に使われる「フラッシュブリーフィングスキル」です。今回は、「カスタムスキル」に絞って、フローを考えていきたいと思います。

　次の項目をひとつずつ、具体的な例を使って考えていきましょう。

・アカウント連携の有無
・ユーザーの起動回数による内容の可変の有無
・呼び出し名について
・選択肢について
・ユーザーが回答しやすい質問の仕方の工夫
・ユーザーへの応答はバリエーションをきかせて
・エラー返答のコツ

・SSMLを効果的に使おう

アカウント連携の有無

前述のアカウント連携という手法があります。

例えば、WEBサービスやスマートフォンのアプリのサービスで、ユーザーに対して、ID/PASSWORDを付与しているものがあるとします。そのユーザーアカウントと連携をさせて、ユーザーの同意をとった上で、そのサービスと連携させた音声アプリを使わせる方法がアカウント連携と言われる手法です。

Amazon Alexaであれば、「スキルを有効にする」ボタンを押下し、スキルを有効にしようとします。するとスマートフォンやパソコンのWEBサイトに遷移し、遷移先のページでユーザーにID/PASSWORDをユーザーが入力します。そしてこのサービスで使っている自分の情報を音声アシスタントに渡します、という同意を取ります。

アカウント連携の良さは、これまでWEBサービスやアプリサービスで使っていただいていたユーザーに対して、音声アシスタントでもサービスを提供できるので、付加価値を与えることができます。

ユーザーの起動回数による内容の可変の有無

ユーザーに何度も起動してもらえるような音声アプリを作る工夫はとても大切です。なぜならば、どんどんその数が増えていく音声アプリのマーケットの中で、せっかく自分が作ったサービスなのに使われないとどんどん埋もれていってしまうためです。

App StoreやGoogle Playのマーケットの黎明期を思い出してください。初期は個人の開発者が作ったアプリがたくさん溢れかえっていました。しかし、すぐに企業が作った高性能なアプリに淘汰されていきました。

現在、まだ音声アプリの各マーケットは、黎明期と言えます。個人も企業も入り混じっている状態です。しかし、スマートフォンのアプリマーケットのような状態になるのは、すぐそこにある近い未来です。

筆者は個人が作った音声アプリが質が低いと言っているわけでは決してありません。複数回、使われるための工夫がなされているかが大事だと言いたいのです。

そのひとつの手法としては、ユーザーの起動回数によって音声アシスタントが話すことが変わっていく、という可変の要素です。

詳しくはまた後述しますが、初歩としてユーザーの初回起動と2回目以降の起動を変化させることがあります。例えば、音声でピザを注文出来る音声アプリであれば、初回起動したユーザーには、丁寧に使い方を説明する必要があります。ただし、長くなりすぎてはいけません。「最低限これを知っていれば、音声で注文が出来る」という程度の説明です。また、一度でも音声アプリでピザを注文したユーザーは、その方法が頭の片隅に残っています。

ですから、1からその音声アプリの使い方を説明する必要はありません。2回目以降の音声アプリの起動時には、導入部はできる限りシンプルにします。どのような音声アプリでもこれは共通の要素です。

図: 2回目以降の起動ならもうこなれたもの

呼び出し名について

　音声アプリは、まずユーザーに呼び出されて使ってもらわないと意味がありません。そのためには、呼び出し名を覚えやすくシンプルなものにしておく必要があります。

　ただし、シンプルと言っても音声アシスタントがデフォルトで持っている機能と重複することは許されません。また、Googleの場合は音声アプリ名と呼び出し名を一致させる必要があるので、注意が必要です。

　筆者の経験では、あまりにも一般名称すぎるとプラットフォームの審査で落ちる可能性があります。実際に一般名称に近い呼び出し名を使って、一度審査に落ちたことがあります。ただし、商標登録区分においてその名称が商標登録されていることを証明できたならば、審査に通過することができます。

　このようなケースは稀なので、一般名称、またはそれに近いものは避けるべきでしょう。

選択肢について

　前述でも触れましたが、航空会社やクレジットカード会社の音声案内サービスのように広範囲に渡って音声で説明しようとすると、どうしても選択肢が増えてしまいます。音声アプリにおいては、ユーザーに選択肢を与える際は、多くても3つまでに抑えておいた方がいいと思っています。3つ以上を耳から聞いて覚えておくのは、人間にとって至難の技だからです。

　ですので、例えばお客様から「カスタマーサポートのチャットボットを音声アプリにしたいんだけども」と言う依頼を受けた場合は、よく考えなければいけません。チャットボットは選択肢が3個以上出てくるものもザラにあります。そういった場合、その選択肢の全部を音声アプリに置き換えるようなことは絶対にしてはいけません。ユーザーが混乱してしまうからです。

　もしもそのような依頼があった場合、カスタマーサポートのチャットボットをこれまで運営してきて、

・どのような質問が多いか
・どのような選択が多くて、どこにユーザーが不満を抱いているのか
・どこにお客様が満足しているのか

について客観的に分析できるデータを求めるべきでしょう。そのデータを読み解き、最もユーザーに使われているところを音声アプリにするのです。選択肢も全部を掲載する必要はありません。中でも使われているところを採用します。

もし「データが出せない」場合は想像で作っていくしかありません。しかし、最初から設計を作り込みすると「思っていたのと違う！」と無駄な労力になるかもしれません。ある程度のハッピーパスを作って、それがこれまでのデータから的外れになっていないかということを担当者に確認してもらう必要があるでしょう。

選択肢は、3つまで。これは意識して設計すると良いでしょう。

ユーザーが回答しやすい質問の仕方の工夫

ユーザーの次のアクションを決めるのは、音声アシスタントの聞き方次第です。ユーザーが製作側の意図通りの回答を返してくれるかどうかは、すべて音声アシスタントの聞き方に掛かっているのです。

筆者はこれまで多くの音声アプリを設計していることから、この面では設計に慣れてきたという自負があります。それでも、音声アシスタントが話すメッセージをテキストで書いている時と、実際に音声アシスタントに読ませてみて、自分や同僚、仲間がそれに対して声で回答しようとする時に、「これだとユーザーは回答を迷ってしまうな」ということが多々あります。時々、文章でも「そんなつもりで書いたんじゃないけども、意図しない形で受け取られてしまった」ということがあるのです。音声アプリにおいては、なおさらそこに気を遣う必要があります。

例えば、ピザを注文する音声アプリの場合です。

「ピザ、パスタ、ドリンク、どれにしますか？」

これでも、通じるは通じると思います。

しかし、

「当店ではピザとパスタとドリンクを注文できます。まず、何を注文しますか？」

の方が、より親切ですね。

「ピザ、パスタ、ドリンクが注文できるんだな」と分からせることができる上に、「まず、何を注文しますか？」と聞くことで、「いくつかこの後も連続で注文できるんだな」ということを示唆することができます。ユーザーも安心してオーダーができます。

このように、ほんの少しの工夫でユーザーは迷うことなくストレスを感じずに、音声アプリを使うことができるのです。ストレスがなく便利、楽しいと思わせられたならば成功です。そのユーザーは、きっとリアルやSNSで自分の経験談として口コミしてくれるはずですし、リピーターにもなってくれることでしょう。

第3章 設計 | 35

ユーザーへの応答はバリエーションをきかせて

　ユーザーと音声アシスタントの会話は、人と人との会話に近くなるのが理想です。例えば、「何が食べたい？」と友達に聞いた時に、毎回「寿司」と答える人はなかなかいないと思います（いたらすみません！……でも、どんだけお寿司好きなん？）。同様に、毎回の挨拶、エラー、次のアクションを促す言葉などが全く同じであると、ユーザーは「機械的だな」と感じ取ります（まあ、機械ではあるのですが）。

　音声アシスタントをより人格として見させるためには、「人っぽさ」を工夫して出していく必要があります。例えば、ユーザーの言ってることが聞き取れなかった時、エラーを返してもう一度発話してもらうように促したとします。ユーザーは聞き取ってもらえなかったということで、音声アシスタントに対して「は？」「意味がわからない」「ふざけるな」「どないやねん」等、あらゆる罵詈雑言をぶつけると思います。

　その罵詈雑言に対して、同じエラー返答だと、余計に腹が立ちますよね？そこで、バリエーションをつけて返答すれば「人」っぽくなり、少しだけかもしれませんが怒りが収まります。

　些細なことなのかもしれませんが、人間の感情は、その些細なことで乱高下します。そこを逆手にとって、「謝り侍」よろしくいろんなバリエーションで謝れるだけ謝って、正しいルートにユーザーを戻してあげればいいのです。

エラー返答のコツ

　エラー返答のコツがもうひとつあります。

　例えば、女子高生の女の子が自分をひたすら励ましてくれるような音声アプリを作ったとします。ユーザーが女子高生に「彼氏はいるの？」「住所は？」「連絡先交換しよう」などと、一般的に女の子をナンパする時に聞くようなことを話しかけたとします。当然、その音声アプリの本来の使用方法とは異なります。

　その場合には「彼氏？やめてください、私、ナンパしてくるような男の人は苦手なんです……そうじゃなくて、○○って話しかけて欲しいな」というような返答をすることで、ユーザーは次からそのような発話をしなくなる可能性が高まるでしょう。これもテクニックで、「きっとこういうようなことをユーザーは言ってくるだろう」ということに対して、「それは本来の目的とは違う」ということを嫌味なく上手に返答してあげることで、ユーザーが気を悪くせずに、正しく発話する方向に導いていくのです。

SSMLを効果的に使おう

　音声アプリの企画をする際に、音声アシスタントを使うと「なんか一本調子だな」と思うことがありますよね。

　SSMLはXMLベースの音声合成用のマークアップ言語です。筆者は、「タグのようなもの」と理解をしています。SSMLを使って、この部分を強調したい！という部分の声の大きさを大きくしたり、ゆっくり喋らせたり……といった形で、バリエーションの変化をつけることが出来ます。

　GoogleアシスタントとAmazon Alexaでは、使えるSSMLタグが異なるので要注意です。LINEは

36 ｜ 第3章　設計

残念ながら、この本を執筆している時点では、SSMLが使えません。今後に期待したいと思います！

Amazon AlexaとGoogle AssistantのSSMLについては次のURLをご参照ください。

・Amazon Alexa
— https://developer.amazon.com/ja/docs/custom-skills/speech-synthesis-markup-language-ssml-reference.html

・Google Assistant
— https://developers.google.com/actions/reference/ssml

SSML職人になると音声アプリの表現の幅が拡がります。

音声アプリのフローのサンプル

ここまでいろいろなことを書いてきましたが、「実際、あんたが作っている音声アプリのフローはどんなの？」と思われたことでしょう。フローにこれらの項目のすべてが反映されているわけではないのですが、サンプルとして「カレシダンナの愚痴を聞くよ」のフローを掲載しますので参考にしてください。

ただ、作る音声アプリの内容に応じて、フローの作り方はさまざまです。自分が管理しやすいフロー、エンジニアと共有してすんなり製作に入ってもらえるようなフローを意識し、どんどん自分好みのフローにしていってください！

図: スキルフローサンプル上部

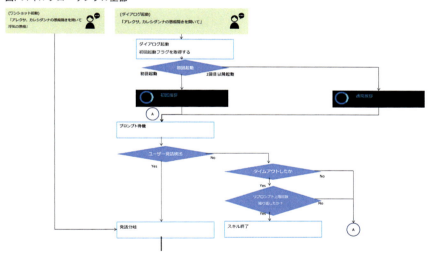

図: スキルフローサンプル下部

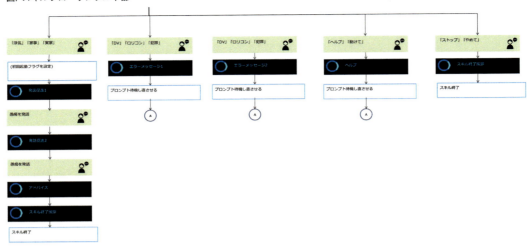

3.5 デバッグ

デバッグが音声アプリの最も大変なところ

　WEBやスマホアプリの企画・ディレクションをしている人は、デバッグは当然経験があると思います。デバッグ、大変ですよね。でも、ここを怠ってしまうと、ユーザーに満足してもらえるような音声アプリは完成しません。入念にデバッグを行う必要があります。

　さて、どうやってデバッグをするか。例えば、占いの音声アプリを作ったとします。誕生日をトリガーにして、占いのAPIに繋ぎこむような音声アプリだった場合、誕生日は1年366日ありますよね。そして、数字の読み方は日本人は独特で、いろんな読み方があります。「二十日」は「はつか」とも「にじゅうにち」とも読めます。

　ここに書いたバリエーションを全部デバッグする……気が遠くなります。しかも、音声なので、聞いている時間＝デバッグしている時間になるので、ものすごく時間がかかります。

　しかし、実際に筆者がこの誕生日をデバッグした時は、真面目に全部デバッグしました。これによって、かなりAmazon Alexaの日付の聞き取り精度は上がったのではないか？と思うくらいに、デバッグをしました。もちろん、手分けしましたが、それでも大変でした。日付は最たるものですが、固有名詞や地名、駅名など日本語には独特の読み方をするものがたくさんあります。

　デバッグを楽にできないの？という話もあります。楽にできる方法があるとしたら、設計をする時からデバッグのことを想定して「ここがデバッグで大変だろうな、引っかかるだろうな」という箇所を開発者に相談します。そして、デバッグモードを同時に開発してもらうということです。

　例えば、初回起動と2回目以降の起動を行ったり来たりするようなデバッグであれば、いちいち初回起動に開発者に戻してもらうのは手間がかかります。「Alexa、データをリセットして」と言えば、初回起動状態に戻る、というようなことは、そんなに難しくなくできるのです。

　いくつか音声アプリを作っていると、だんだんと「ここがデバッグで大変だろう」ということが

設計段階でわかってきます。デバッグは、音声アプリを仕上げる最後の「磨き」に当たります。ここを適当にしては、台無し！そのことだけは強く言っておきたいと思います。

出来るだけたくさんのユーザーが「言いそうなこと」の発話サンプルを入れる

　単純に「はい」「いいえ」だけでも、ユーザーの「言いそうなこと」のバリエーションはたくさんあります。
・「はい」：「OK」「オッケー」「Yes」「イエス」「いいよ」「構わない」「それで結構です」など。
・「いいえ」：「NG」「エヌジー」「No」「ノー」「嫌だ」「違う」など。
　ユーザーと音声アシスタントの自然な会話を実現しようとすると、出来るだけこの「言いそうなこと」を抑えて発話サンプルに入れていくことによって、音声アシスタントとの会話がスムーズに進みます。これでユーザーに好印象を与えることができます。
　逆にここがうまく拾えないと、「全然この音声アプリ、私の言ってることをわかってくれない。使えない」となってしまいます。これでは二度と立ち上げてもらえない音声アプリというレッテルを貼られてしまいます。
　この「言いそうなこと」の発話サンプルについては、年齢、性別、職業などが異なるいろんな人たちの会話を常に聞いて参考にする、ということが大切です。耳が鍛えられるので、あらゆるユーザーの「言いそうなこと」に対応することができます。

図: デバッグは可能な限り入念に

第3章　設計　｜　39

第4章 画面付きデバイスの対応について

4.1 対応すべき、した方が絶対にいい！！

2018年7月、Amazonから「Amazon Echo SPOT」が発売され、続いて、2018年12月に「Amazon Echo SHOW」が発売されました。待望の画面付きデバイスとしては、日本では「Amazon Echo SPOT」が初めての製品です。また、LINEからは「Clova Desk」が、2019年3月に発売となりました。どんどん画面付きデバイスが増えてきています。

「画面が付いたら、それってスマホやタブレットと一緒じゃないの？」購入していない人から、そういう質問を受けます。基本的には、音声で操作することには変わらないので、画面はあくまでも補助的なものです。

しかし、ただの補助ではありません。「Amazon Echo SPOT」が寝室のベッドの横に置かれている生活は、とても快適で素敵です。普段、時計表示をしておけますので、お部屋の時計代わりにもなります。またデジタルフォトフレームのようにも使えます。インテリアの一部になるのです。

「Amazon Echo SHOW」はリビングに置いてみて、お休みの日にピザなんかを、あれこれ選びながら注文するのはいかがでしょう？TVを観ることとは異なる新しい家族の団欒が生まれることでしょう。

Amazonはアメリカで先行して画面付きデバイスを発売していたので、それを見て、ずっと欲しいと思っていました。実際に使ってみて、やっぱり画面があるといいなあ、というのが感想です。

ただ、スマホやタブレットとの決定的な違いは、情報を画面で見せることがメインではないので、「うるさくない」「押し付けがましくない」「ユーザーに多くを求めない」という点です。そこがちょうどいい「付かず離れず」感を醸成しており、非常に好感が持てるのです。そっと我々の側にいてくれる……そんな感じの良いパートナーなのです。

4.2 5つの要素

・音声
・テキスト
・タッチ
・画像
・ビデオ

この5つの要素が、画面付きデバイスを構成する要素です。他のEchoシリーズが音声だけなのと比較すると、できることの可能性がかなり広がったということがわかると思います。

スキル開発をする我々が、ユーザーエクスペリエンス向上のために、表示テンプレートを効果的に使うか、もしくはAmazon Presentation Language(通称：APL)を使う必要があります。表示テンプレートや、APLについては後述します。

4.3 画面ありきで考えないで！

　画面付きデバイスを見ると、どうしても画面のUI/UXに意識が行ってしまいます。考案中の企画を冷静に振り返ると、「あれ、これって、画面が付いてないデバイスのこと、無視していない？」となりがちです。

　しかし、それはもってのほか……NGです。Amazonも、画面付きデバイスのみで動くスキルは審査を通さないと明言しています。画面付きではないデバイスでも、同等レベルの価値をユーザーに体験していただけるよう、設計しましょう。

4.4 画面付きデバイスの発売以前に公開したスキルについて

　この場合も、一度スキルフローから見直すことをオススメします。Amazon Alexaについては、発話したタイミング、ユーザーが発話したタイミングで表示する画像を変更できます。このタイミングで画像を別のものに変えられると、意図が伝わりやすいなと思ったら、自然にユーザーの発話を挟むようにスキルフローを調整します。

　例えば、キャラクターが2人出てくるようなスキルで、Aが出てくるかBが出てくるかはランダムで決まる場合。最初からAの画像を表示しているよりは、ユーザーが発話した後に、どっちがくるかわかる画像を表示するのもポイントです。ユーザーに対してはギリギリまでどちらが出てくるか分からないので、ワクワクする期待感を醸成することができます。

　画面付きデバイスを意識していない時代に作っているスキルだと、当然画面の表示のことまで考えて作っていないので、最適化されていない状態にありますよね。画面付きデバイスを持っているユーザーに対して、よりよいサービスを提供するためにも、もう一度スキルフローを見直しすることをオススメいたします。

　手順を説明すると、

1．スキルフローを再考する。効果的に、違和感がないように。
2．ディスプレイインターフェイスのリファレンスの説明に従い、ディスプレイ、リーダーテンプレートインターフェイスを有効にする
3．スキルのサービスコードを修正する。
4．テスト・デバッグを行う。
5．スキルを公開する。

「Clova Desk」の場合はどうでしょう？

　それまでに対応していたスキルについては、LINEの方で画像が表示されるように調整していた模様で、特に手入れをする必要がありませんでした。ただ、クックパッドなどを見ていると、きっちり作りこんだ感じがあるので、スキルによってそのあたりは事前調整のレベルに差異があったのかもしれません。

4.5 画面付きデバイスのテンプレートと自由度

　画面付きデバイスにおいての画面デザインの自由度についてですが、残念ながらそこまで高くあ

りません。テンプレートがあるので、それに合うよう、指定の画像サイズで画像を作って表示していく形になります。

テンプレートは次の通りです。

・リストテンプレート
　—スクロール可能な項目リストと各項目にテキスト及び省略可能な画像を付けて表示します。画像は選択可能に設定できます。

図: リストテンプレート

・ボディテンプレート
　—テキストと画像で表示します。

図: ボディテンプレート

4.6　ディスプレイテンプレートを使う際の注意など

ディスプレイテンプレートを使う時に、やってはいけないこと、避けた方がいいこと、注意すべきことがいくつかあります。

・テキストを縦に整列させるために改行してはいけない

これはついついやりたくなってしまいます。メールを改行する感覚で。レイアウトが余計崩れたりすることがありますので、改行はやめましょう。

・フォントサイズの変更は慎重に！基本はいじらないこと

これもパワーポイントやワードを使い慣れているほどやりそうなことですが、基本的にはこれもいじらない方が良さそうです。

・マークアップは多用せず、ユーザーに見やすくなる場合のみに限る

・アクションリンクは、下線を付けず音声でアクセスさせること

・背景画像を前景のコンテンツとして使用しないこと

・リスト項目でアクションリンクを入れ子にしないこと（音声で選択しにくくなるため）

・背景画像にテキストは含まないこと

・起動後2秒以内に、開始する必要がある

・画像解像度は、480 × 480 ピクセル。

基本的にはこの解像度で作っておいて問題ありません。「Amazon Echo SHOW」の解像度1024 × 600ピクセルで画像を作り、480 × 480の中に見せたいところが収まるように画像をデザインするのが、ディスプレイテンプレートを使う時には楽だと考えています。

4.7　Amazon Presentation Language について

Amazon Presentation Language(通称：APL)は、先ほどご紹介したディスプレイテンプレートとは異なり、視覚と音声の持つ特長を活かした自由度の高いスキルを開発できます。グラフィック、画像、スライドショーなどの多くの視覚要素を備えたマルチモーダルのスキルを開発することが出来ます。

APLが発表になった時は、小躍りしました。「これでデバイスごとに、画面の見え方などを設定出来る！」と。もちろん、出来ることが増えたということは、我々、Voice UI/UX デザイナーも仕事が増えるということです。それでは、APLがどういうことが出来るのかを、紐解いていきましょう。

デバイスごとに画面の見え方を設定出来る

これが出来るのは、とても大きいことだと思います。ディスプレイテンプレートでは、デバイス共通の画像を用意する必要がありました。「Amazon Echo SPOT」だとしっくりくるけれども、「Amazon Echo SHOW」にそのディスプレイテンプレートのまま表示させると、しっくりこないといったケースです。しかし、APLならその課題から解放されるのです。

APLには、オーサリングツールがあります。

・https://developer.amazon.com/ja/docs/alexa-presentation-language/apl-authoring-tool.html

こちらを見て、使い方をマスターするもよし。ハンズオンなどに行って、使い方をマスターするもよし！自分にあった勉強の仕方で、習得していきましょう。

音声と同期をして文字を強調出来る

これは、ユーザーにとって、大変わかりやすい体験になりますね。例えば、ニュースのスキルで、

現在読んでいる行のテキストを強調表示させることができるのです。長い文章を音声で聞いている時の補助としては、有効な使い方が出来そうですよね。

アニメーションさせることが出来る

アニメーションは、アプリの内容によっては、とても有効です。例えば、ECショップなどで、いろいろな商品を一気にユーザーに見てもらいたい場合。スライドショーのように自動的に画面を切り替えて見せることが出来るので、ユーザーに「いろんな商品があるんだな」と印象づけられます。画像がハンズフリーで切り替っていくので見た目にも楽しいし分かりやすくなります。

4.8　マルチモーダルスキルにおけるUI/UXの重要性

画面付きデバイスは、タッチするとAmazon Alexaの発話が止まると言うのが仕様です。これは結構重要なポイントで、触りたくなるような画面になっていると、そこでAlexaの発話が止まいます。それでも不都合がないかどうか、よく考えて設計する必要があります。

ベストなタイミングで選択肢が現れて欲しいですし、その発話内容に合った画像が表示されたいですよね。そういう調整をするのも、Voice UI/UXデザイナーの仕事になってきます。……お気づきですか？画面付きデバイスが出てきたおかげで仕事が増えましたね。

しかし、これはGUIの仕事というよりは、どちらかというと、映画やドラマの監督の仕事に近いと思います。筆者は映画やドラマが大好きで、脚本の勉強をしていたこともあるので、とてもワクワクします。

とはいえ、今後、画面設計が自由に出来るようになった今、GUIの勉強と努力も必要となってくるのです。まさにマルチプレイヤーの仕事になってきます。Voice UI/UXデザイナーは、たゆまぬ勉強と努力が必要なのです。

そんなマルチプレイヤーである「Voice UI/UXデザイナー」の仕事について、次章でお話したいと思います。

第5章　Voice UI/UXデザイナー

5.1　Voice UI/UXデザイナーと言う仕事

　Voice UI/UXデザイナーと言う肩書きを、筆者が名刺に書いて正式に名乗り始めたのは2018年4月です。音声アプリを多数設計したので、これはもう名乗るしかないと思い、上司に相談して許可を得ました。

　筆者の仕事はプロデューサーも兼任しています。開発以外は何でもやらなければいけない（何でもやれるとは言っていない）と言っても過言ではないと思います。ただ、Voice UI/UXをデザインする仕事が一番今までの中で、自分の中でしっくり来ています。

　なお、GUI（グラフィックユーザーインターフェイス）の定義は、

> 　「コンピューターの表示や操作の方式（ユーザーインターフェース）のうち、表示にアイコンや画像を多用し、操作の多くをマウスのようなポインティングデバイスによって指示できる方式のことである」

とwikipediaにはありますが、印刷物におけるグラフィックにおけるユーザーインターフェイスについても、ここではGUIとまとめさせていただきます。

　GUIには、前職・前々職含めて長く付き合って来ました。チラシやポスター、パンフレットなどの印刷物もそうですし、POPやノベルティのデザインも全て広く捉えるとGUIです。もちろん、フィーチャーフォンやスマートフォンのWEBサイトやアプリもそうです。

　ただ、このGUIというのは厄介なものです。例えば印刷物、ポスターの場合、いくら著名なデザイナーがデザインし、秀逸なコピーがあしらわれていて、それが機能としてユーザーに伝わりやすいものだったとしても、決裁者が「気に入らない」と言った瞬間にまた一からやり直し。明日の朝までに２０案持っていかないと、なんてことがザラに起こります。これは、判断が個人の好みに拠りやすいためです。

　フィーチャーフォンやスマートフォンのサイトやアプリは、もう少しUXに寄っています。このボタンの配置だからユーザーが課金しやすい、次の話が読みたくなる、というようなユーザーがどう動くかの部分で説得しやすいのです。それでも決裁者の「こっちの色の方がよくない？」の一言で全体を変えざるを得ないというような事態が起こります。

　そんなGUIのジレンマと長年戦って来て、「正解」のある仕事がしたいな、と思っていたところに出会ったのがVoice UI/UXをデザインする仕事でした。筆者は、Voice UIには明らかに「解」があると考えています。それは次の２点において、説得力をしっかり持つことができるからです。

　・ユーザーが心地よく使えるか？
　・ユーザーが迷わず、その目的とする体験を得られるか？

　これなら、決裁者の好みに押し切られることはほぼないのではないでしょうか。もちろん、細かい言い回しなどは指摘されることはあるかと思います。

第5章　Voice UI/UXデザイナー　45

「Voice UIには解がある」

それが大きな魅力ではないでしょうか。筆者は「Voice UI/UXデザイナー」という天職を得たと思っています。

図: デザイナーの中では新部類

5.2 脚本の読み書きが強みに

筆者の経験のお話を少しだけさせていただきます。

筆者は、30代に差し掛かった頃に何か新しいことを勉強してみたいと考えました。その当時の上司に相談して週二回、映画やドラマの脚本を書くシナリオ講座に通っていた時期があります。

講義の内容はとても勉強になりましたし、実践についてもたくさんの習作を作り、シナリオとは何か、どういう構造になっているのか、どうやって書くのか、どうやってシナリオを読むのか、ということを身体で覚えることが出来ました。講師や同期のメンバーにも恵まれ、とても楽しく充実した1年間を過ごさせていただいたのですが、この時の経験が、今のVoice UI/UXデザイナーの仕事に役立っています。

例えば、既存ゲームのキャラクターを使った音声アプリを作る場合、そのキャラクターのことを理解することから始まります。もちろん、そのゲームを遊ぶということをしながら、ゲームの世界観設定や、キャラクターの設定資料、まだ配信されていないシナリオ、キャラクター相関図など、あらゆる資料を熟読します。

その中でも、特にシナリオを読むという作業は、慣れていない人には、多少苦痛があるかもしれま

せん。しかし、ゲームのシナリオと映画やドラマのシナリオも異なる点はありますが、共通項の方が多いので筆者にとってはやり慣れた作業でした。「やり慣れている」ということは重要なことで、そこに対しては「学び」が完了しているので、内容に集中しやすいというメリットがありました。

　また、キャラクターの理解とその深化という点においても役立ちました。そのキャラクターがどういう性格で、この世界の中でどういう役割を担っていて、物語にどういう影響を与えていくのかということを、シナリオを読んで整理することがすんなりと出来ました。

　そのほか、自分で音声アプリのためのキャラクターを作る時にも、この経験は役に立ちました。オリジナルの映画やドラマの脚本を書くということは、自分でキャラクターを産み落とさないといけません。0からのキャラクターの設定についても、何の苦もなく乗り越えられました。

　筆者は、何もシナリオ講座の宣伝をしたいという訳ではありません。ただ、少しでも興味があれば、自分の仕事と直結するかどうかは分からないけれども、新しい分野を勉強することをオススメしておきたいのです。何故ならば、それがあなたの世界を拡げ、思わぬところで出会いがあったり役に立つことがあるからです。筆者はこの通り、今まさに役立っています。

　今はライティングの勉強をしています。そこでもいろんな気づきがあります。書き言葉と話し言葉の違いって何だろう、どうしてブログが続かないんだろう、人に読んでもらえる文章って何だろう、SNSのフォロワーが多い人はどんなことを書いているんだろう……。そんな些細な興味から、講座に通ったり、本を読んだりしています。

　この経験も、いつかどこかで役立つことがあるかもしれません。だから、仕事って面白いんですよね！

5.3　いろんな場所にどんどん顔を出そう

　この本を手に取っていただいた方なら、もちろん積極的に自分で勉強しようという方だと思います。筆者はこれまで13年IT業界にいますが、未だかつてないほどに外に出て勉強をしています。もちろん、社内でのVoice UIの業務も山ほどあるのですが、それを同僚や部下とうまく分担しながら自分一人で抱えないようにして、外部のハンズオンやハッカソン、勉強会に出ていくようにしています。同僚や部下にもそれを推奨しています。

　筆者が外に出て勉強する理由は、やはりVoice UIの業界はまだ狭い世界なので、その小さな世界の中でも特にクローズドな会社の中にだけ閉じ籠っていると、すぐに考え方が狭くなってしまうからです。

　インターネットには、情報は探せば落ちています。しかし、Voice UIに関わっている生身の人たちに会うと、自分が考えもつかなかったことを考えている人や、自分が考えていたことを形にしようとしている人、自分がやったことをさらに進化した形で世の中に出そうとしている人など、様々な人に出会います。それは大変な刺激になります。

　勉強会に出るとき、自分の業務や興味からはちょっと遠いかもしれない、と思うこともあります。しかし、一度に出てみると必ず気づきがあります。ぜひ、いろんな場所で皆さんにお会いして、情報交換をさせていただきたいなと思っております。

図: 人が集まる場所に顔を出すと必ず発見がある

第6章　Clovaスキル開発ハンズオン～開発環境を用意しよう

　本章から、Clovaスキル開発をハンズオン形式で解説します。ここではMacを使った開発手法の説明となります。

6.1　機材の用意

Mac

　MacOSを最新版にして、ブラウザーはChromeの最新版をインストールしておいてください。

Wi-Fi

　Macは有線Lan接続でもWi-Fi接続でもどちらでも良いのですが、スマホのClovaアプリと、Clovaデバイス用に、Wi-Fi接続が必須となります。

スマートフォン

　iOS、Androidのどちらかで、次のOSバージョン以上で1台用意してください。
　・iOSの場合：9.0以降のiPhone、iPad、およびiPod touch
　・Androidの場合：4.4以上のスマホやタブレット

Clovaデバイス

　いずれか1台を用意してください。Friendsは時々、家電量販店やオンラインでセールをしているので、ウォッチしておくと良いでしょう。
　・Clova WAVE
　・Clova Friends
　・Clova Friends mini

図: Clova 対応機種

　Sony の Xperia Ear Duo という Bluetooth イヤホンも、Clova に対応しています。音楽を聴きながら、イヤホンにタッチして「Clova、予定を教えて」と聞くと、Clova が直近のカレンダーを読み上げてくれたりする、時代を先取りした素晴らしい製品です。今後はこのような「イヤホン」タイプのスマートスピーカーで、家の外でもボイス UI で、AI と会話する時代がくると思います。

図: Sony の Xperia Ear Duo

　なお当初は Xperia Ear Duo では、AudioPlayer を使った Clova スキルが再生できなかったのですが、2019 年 2 月 6 日より対応になりました。しかし全てのスキルが使えるわけではないので、もし Clova 対応のスマートスピーカーを 1 台だけ買うとしたら、避けたほうがよいでしょう。

6.2　Visual Studio Code のインストール

　OS 標準のテキストエディットアプリやテキストエディターでも良いのですが、プログラムの文法エラーを指摘してくれる「IDE」を使った方が格段に開発効率が良いです。

　Node.js をコーディングする人にはマイクロソフト社の「Visual Studio Code」が人気ですので、この本ではこちらを使っていきます。

　まず、インストールをしましょう。

https://code.visualstudio.com/

図: Visual Studio Code（無料）のダウンロードサイト

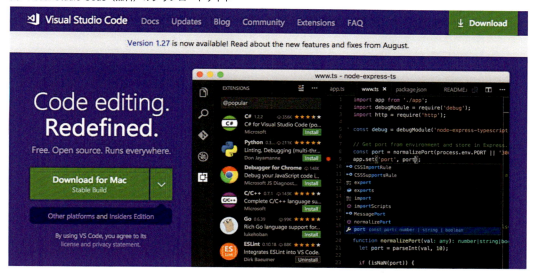

「Download for Mac」→ 解凍→ アプリケーションフォルダに移動しておきます。
アイコンをクリックすると起動します。

図: Visual Studio Codeのアイコン

起動すればOKです。

6.3 Node.jsの動作環境をインストール

ここで「黒い画面」の登場です。アプリケーションフォルダ＞ユーティリティ＞ターミナル.app
を探し、アイコンをクリックして起動します。

実は、ターミナルは最初は白いのです。黒い画面ではなくて白い画面なのです。

これを黒い画面にするには、「シェル」＞「新規ウインドウ」＞「Homebrew」を選んで、黒背景に緑字の別窓を立ち上げてください。

今後ずっと黒くし続けたい場合は、この状態から「シェル」＞「設定をデフォルトとして使用」を選ぶと設定が保存されます。次回からはターミナル.appを起動するだけで黒い画面が表示されます。

ここで、「おやくそく」をお伝えしておきます。
1．先頭に「$」がついている行は、手入力してください。大文字小文字に気をつけて！
2．行の終わりで、エンターを押して、実行してください。
　先頭の「$」は「コマンドプロンプト」といって、MacOSが「おぬしの命令を待ち受けておるんじゃ」という意味です。そのため、画面で入力する時は「$」より後ろの文字を入力してください。
　なお、実行時のレスポンスについては、成功しても失敗しても多くの場合10行以上どーっと文字が表示されます。これでは量がおおすぎるので、この本では最低限チェックすべきところをのぞいて省略しています。
　しかしこのレスポンスは、失敗したときに非常に重要です。なぜなら、対策を調べるための手がかりが含まれているからです。

英語で書かれているのでウッとなりますが、これをググれば大抵解決策が見つかります。ソフトの開発者の方は、心を砕いてメッセージを出してくれていて、(わかりやすいとは限りませんが) 非常にありがたいのです。

ググって出てきたページも英語のものしかないと、またウッとなりますが、Google 翻訳を駆使しながら進めればなんとかなります。英語のページしか出てこなかったときは、逆に、日本ではまだこんなことやってる奴いないのか、俺すげぇ、と思えばモチベーションもあがると思います。なんでも糧にして進みましょう (^o^) 。

ターミナルを起動したら、次のコマンドを打ち込んで、node.js のバージョン管理ツール「nodebrew」をインストールしましょう。

```
$ curl -L git.io/nodebrew | perl - setup
```

図: nodebrew のインストール

```
[Apple-no-MacBook-Air:src sitopp$ curl -L git.io/nodebrew | perl - setup
  % Total    % Received % Xferd  Average Speed   Time    Time     Time  Current
                                 Dload  Upload   Total   Spent    Left  Speed
  0     0    0     0    0     0      0      0 --:--:-- --:--:-- --:--:--     0
  0     0    0     0    0     0      0      0 --:--:--  0:00:01 --:--:--     0
  0     0    0     0    0     0      0      0 --:--:--  0:00:01 --:--:--     0
100 24569  100 24569    0     0  12937      0  0:00:01  0:00:01 --:--:-- 12937
Fetching nodebrew...
Installed nodebrew in $HOME/.nodebrew

========================================
Export a path to nodebrew:

export PATH=$HOME/.nodebrew/current/bin:$PATH
========================================
Apple-no-MacBook-Air:src sitopp$
```

次に、パスに追加します。

```
$ echo 'export PATH=$HOME/.nodebrew/current/bin:$PATH' >> ~/.bash_profile
$ source ~/.bash_profile
```

source は、bash_profile の変更内容を即時反映するためのコマンドです。ここまでできたら、nodebrew がインストールできたかの確認をします。

```
$ nodebrew help
nodebrew 1.0.1

Usage:
    nodebrew help                          Show this message
    (以下略)
```

「nodebrew 1.0.1」の部分が nodebrew のバージョンです。バージョン数が表示されれば、nodebrew のインストールは成功です。

この本を書いている時点では1.0.1が最新ですが、日が経つとこれより上の数字になっていくで
しょう。

ではこのnodebrewをつかって、Node.jsの最新版をインストールしていきます。

```
$ nodebrew install-binary latest
Fetching: https://nodejs.org/dist/v12.3.1/node-v12.3.1-darwin-x64.tar.gz
###################################################################### 100.0%
Installed successfully
```

この例では、Fetching:〜の後のURLの中に「v12.3.1」という文字があります。Node.jsではイン
ストールしたあと、使うバージョンを指定しなければならないので、インストールに成功したバー
ジョン数をコピペして、次のように実行します。

```
$ nodebrew use v12.3.1
use v12.3.1
```

インストールしたNode.jsのバージョンを確認します。先ほどuseしたバージョン（この場合
「v12.3.1」）が返却されたらOK。

```
$ node -v
v12.3.1
```

無事に指定したバージョン数が表示されているでしょうか？
無事にできていたら、ついでにnpmもインストールされているはずなので、バージョンを確認し
ます。npmの場合、バージョン数が表示されれば、インストールされているという証拠になります。

```
$ npm -v
6.7.0
```

もしバージョン数が表示されなかったら、ここまでの手順になんらか問題があり、自力でnpmを
インストールする必要がありますが、ここではその説明は省略します。「npm mac インストール」
でググってみてください。

6.7.0と表示されましたが、少し古いです。念のためnpmの最新化をします。筆者の場合、どんな
バージョンが表示されたとしても、念のためnpmの最新化をしています。

```
$ npm update -g npm
```

54 　第6章　Clovaスキル開発ハンズオン〜開発環境を用意しよう

```
（略）
+ npm@6.9.0
added 2 packages from 2 contributors,
（以下略）
```

実行が正常に終わったら、もう一度バージョン確認しておきます。

```
$ npm -v
6.9.0
```

黒い画面はここでいったん終了です。ふー。初めての人はだいぶ疲れたのではないかと思います。
黒い画面はまた後で使いますが、しばしお別れ！

第7章 Clovaスキル開発者デビュー！

「Clova Extension Kit」は略して「CEK」と呼ばれています。このCEKに、clovaスキルの呼び名や、ストア掲載時のアイコンなどの情報、対話モデルなどの情報を「チャネル」として登録します。「こう呼ばれたらこう返す」という処理を書いたAPIが必要になるのですが、チャネル内にはプログラムは書けないので、どこかにサーバーを立てて置く必要があります。今回はMac上に置く方法を説明します。

図: Clovaスキルのアーキテクチャ

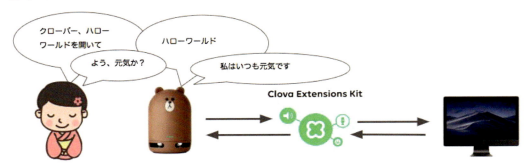

7.1 これから作るもの

次のような会話ができるスキルを作ります。
- 自分：ねぇClova、ハローワールドを開いて
- クローバー：ハローワールド
- 自分：よう、元気か？
- クローバー：私はいつも元気です
- 自分：英語で
- クローバー：Hello World

7.2 LINE developers 登録

LINE developersに、普段使っているLINEのアカウントでログインすることで、デベロッパーアカウントの新規作成ができます。デベロッパーアカウントは無料で発行できます。Chromeなどのブラウザーで次のURLを開いてください。

```
https://developers.line.me/ja/
```

図: LINE developers

画面の右上あるいは真ん中にある「ログイン」を押すとログイン画面が開きます。

図: LINE developers ログイン

LINE Business IDのログイン画面が開きますので、「LINEアカウントでログイン」をクリックして、ログイン画面に進みます。

ふだん使っているLINEアカウントを登録する時に使ったメールアドレスとパスワード、あるいはQRコードでログインをしましょう。筆者はパスワードを忘れがちなのでQRコードログインを使ってます。

LINEアプリで「PCからのログイン許可をONにするには？

LINEアカウントの設定で「PCからのログイン」が許可になっていない場合、ログインできません、というエラーが出ます。その場合は、スマホのLINEアプリを開き、「設定」＞「アカウント」＞「ログイン許可」をオンにしてください。

図: LINEアプリ内の「PCからのログイン許可」の設定箇所

　無事ログインできたら、コンソールあるいはプロダクト一覧画面が開きます。LINEさんは時々メニューを変えるので、説明の手間をはぶくため、次のURLに直接アクセスしてみてください。

```
https://developers.line.biz/ja/
```

　プロダクトの中から「Clova」のイラストのあたりをクリックしてください。

　すると、Clova Developer Centerが開きます。このページは今後アクセスする機会が増えるのでブックマークしておきましょう。

図: https://clova-developers.line.biz/#/

7.3 Clova Developer Center β でスキルチャネルを作成

　ページの中にある、「スキルを開発する」リンクをクリックすると、スキル設定ページが開きますので、「LINE Developersでスキルチャネルを新規作成」という、背景が緑色のボタンをクリックしてください。

　「Clovaスキルの新規チャネル作成」というページが開いたら、「新規プロバイダー作成」の左の「○」を選択してから、好きな名前を入力します。プロバイダー名は、今回は適当に好きな名前を書いておきましょう。この名前はあとで変えられます。

・プロバイダー選択：「新規プロバイダー作成」
・名前：（適当な名前）

図: 新規プロバイダー作成

プロバイダーが作成されたら、「Clovaスキル」の「チャネルを作成する」をクリックして、入力画面へと進みます。

「チャネル名」の入力画面が開いたら、適当に好きな名前を書きましょう。この名前もあとで変えられます。

・チャネル名：（適当な名前）

図: 新規チャネル作成

Clovaスキル
新規チャネル作成

入力	確認	完了

Clova スキルの情報を入力してください

選択プロバイダー	BigBang

チャネル名

Sheldon

最大20文字

前の画面へ戻る　　　　入力内容を確認する

確認画面で内容がOKでしたら「次へ」を押します。

プロバイダーとチャネルの関係について、LINE の公式サイトには次のように書かれています。

・プロバイダーとは

—アプリを提供する組織のことです。ご自分の名前や企業名を入力してください。

・チャネルとは

—チャネルは、LINE プラットフォームが提供する機能を、プロバイダーが開発するサービスで利用するための通信路です。

ひとつの開発者アカウントの下には、複数のプロバイダーがつくれます。図式化すると次のようになります。

図: プロバイダーとチャネルの関係

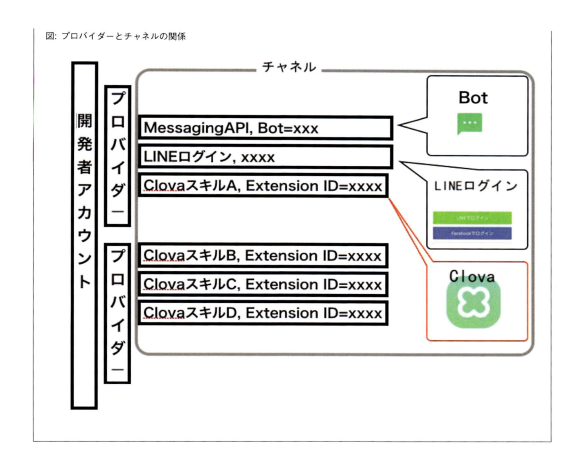

7.4 Extentionの設定情報記入

「新しいスキルを作成」という画面が開いたら、利用規約とUser Data Policyをチェックして、「スキル開発を始める」をクリックします。気になる人はそれぞれの条項を読んでからチェックするようにしましょう。

新しいスキルを作成する

あなたのサービスを音声で操作できるようにしましょう。

「基本設定」部分に次のように入力して、「作成」をクリックします。
- Extention ID：リバースドメイン形式で書く。[1]
- スキル名：「ハローワールド」
- 呼び出し名（メイン）：「ハローワールド」
- 呼び出し名（サブ1個目）：「はろーわーるど」
- 呼び出し名（サブ2個目）：「helloworld」
- 呼び出し名（サブ3個目）：「hello world」

　Extention IDは後で変更できません。スキル名、呼び出し名は後で変更できます。呼び出し名（サブ）は4つまで入力できます。たとえば、スキル名が「夜の体操」だとしたら、「夜のたいそう」「よるのたいそう」のように、一部あるいは全部をひらがなにした名前も登録してなるべく発話を拾えるようにします。

---

1. リバースドメイン形式とは「jp.hogehoge.helloworld」のようにドメインを左右ひっくり返した書き方のこと。通常は、そのドメインを所有している人だけが使うという暗黙の了解になっているが、Clova の場合、所有していなくても Extention ID に指定できる。ただし、他人のドメインをわざと使ったりする嫌がらせはしないようにしましょう。「jp.hogehoge. ほにゃらら」ならまぁ良いかなと思います。

図: Clova 基本設定

スキル名	ハローワールド
	スキルストアに表示されるスキルの正式名称です。スキル名は審査通過後にスキルストアに表示されます。Extensionの内容と無関係な名称や、ユーザーを混乱させる可能性のあるものは、ポリシーによって審査時にリジェクトされることがあります。

スキル名 (音声読み上げ)	ハローワールド　　　　　　　　　　　　　　　　　　　　　▶ 読み上げ
	音声で読み上げるときに発音されるスキルの名称です。読み上げボタンを押して、スキル名を正しく発音できることを確認してください。 「生物（せいぶつ/なまもの）」や「1日（ついたち/いちにち）」のように読み方が複数ある場合などは、ひらがなで入力し、開発者の意図通りに発音できるようにします。

呼び出し名(メイン)	ハローワールド
	・ ユーザーがExtensionを利用するために呼び出す名称を30文字以下で入力してください。ユーザーにとって呼びやすく、発音しやすい名前にすることをお勧めします。 ・ 他のスキルと同じ呼び出し名を登録することはできません。 ・ 呼び出し名には汎用的な言葉は使えませんが、ブランドまたはサービス名などは使用することができます(例：ピザという名称を登録することはできませんが、LINEピザのようにブランド名を利用した名前であれば利用可能です)。また、ブランドやサービス名が長すぎたり、発音が難しい場合には、省略して使用することもできます。 ・ 呼び出し名は審査対象です。ポリシーによってリジェクトされることがあります。

呼び出し名(サブ)	はろーわーるど　　　　　　　　　　　　　　　　　　　　　　× － helloworld　　　　　　　　　　　　　　　　　　　　　　　× － hello world　　　　　　　　　　　　　　　　　　　　　　　× －
	呼び出し名は音声認識結果によって表記が揺らぐ可能性があります。正しく呼び出すために、追加で4つの呼び出し名を設定できます。 ただし、表記や音声認識の揺らぎに関係のない、全く異なる呼び出し方を設定することはできません。 　良い例：呼び出し名（メイン）「ネコちゃんの鳴き声」→呼び出し名（サブ）「ねこちゃんの泣き声」「猫ちゃんのなき声」 　悪い例：呼び出し名（メイン）「ネコちゃんの鳴き声」→呼び出し名（サブ）「ワンちゃんの鳴き声」 スキルを起動しやすくするための適切な呼び出し名（サブ）を設定する方法については、こちらを参照してください。

Tip! 呼び出し名や、呼び出し名(サブ)を定義する前にこちらのドキュメントをご確認ください

　　　　　　　　　保存　　　　次へ

「ハローワールド」という英語名のスキルを、Clovaで呼び出す場合の注意事項

　2018年9月頃には、呼び出し名に「ハローワールド」だけ登録しておけば起動できたのですが、2019年6月1日現在、呼び出し名には「helloworld」と「hello world」を登録しておかないと、発話を拾えなくなってしまいました。
　この半年の間に、Clovaの内部での英単語の聞き取りが、多少発音が悪くても英語で変換されるようになった模様です。

7.5　対話モデルの作成

「基本設定」の作成ボタンをクリックすると、「対話モデル」画面が開きます。

　画面の中の「対話モデルを編集する」ボタンをクリックすると、次のような別ウィンドウが開きます。

対話モデル

ユーザーの発話を正確に解析するために、このツールではExtensionの対話モデルを構築します。
対話モデルの構築には、インテントとスロットタイプを定義する必要があります。
詳細は[対話モデルについて知る]ガイドドキュメントを参照してください。

登録済みのインテント (4個)

▼ カスタム インテント
　登録されたインテントはありません　　　　　　　　　　＋追加

▼ ビルトイン インテント
　Clova.GuideIntent
　Clova.CancelIntent
　Clova.YesIntent
　Clova.NoIntent

登録済みのスロットタイプ (0個)

▼ カスタム スロットタイプ
　登録済みのスロットタイプはありません　　　　　　　　＋追加

▼ ビルトイン スロットタイプ
　登録済みのスロットタイプはありません　　　　　　　　＋追加

[対話モデルを編集する]

　画面が開いたら、特になにも書き換えたりせず、左上の「ビルド」というボタンをクリックしてみましょう。

図: 心を無にしてビルドを押す

するとエラーが出ます。

図: エラー

はい、わざとまちがえました。すみません。必ずひとつはカスタムインテントの登録が必要というルールになっているのです。

カスタムインテントとは、Clovaスキルの基本的な動作である「こう言われたら、こう返す」の**「こう言われたら」**の部分を定義するものです。「こう返す」の部分は、応答するプログラムを用意する必要があります。

では、カスタムインテントを登録していきましょう。

カスタムインテント、サンプル発話の追加

画面左側の「登録済みのインテント」の「カスタムインテント」の右横にある「+」をクリックします。すると、画面内右側に「新規のカスタムインテントを作成」という入力欄が現れます。ここに「HelloIntent」と入力してください。先頭の「H」と中ほどの「I」が大文字です。あとでGithubからコピーするコード上にも同じインテント名の記述があり、間違えるとスキル呼び出し時に認識

しないので正確に！入力できたら「作成」ボタンをクリックします。

図: カスタムインテントの登録

すると、「サンプル発話」の入力画面が開きますので、「よう、元気か？」と記入して、「＋」をクリックします。

図: サンプル発話の登録

サンプル発話が登録されたら、「保存」をクリックします。

図: 保存

英語で返答するカスタムインテントを追加

　画面左側の「登録済みのインテント」の「カスタムインテント」の右横にある「+」をクリックします。「新規のカスタムインテントを作成」の入力欄が表示されたら、「EnglishIntent」と入力してください。入力できたら「作成」ボタンをクリックします。
　「サンプル発話」の入力画面には、「英語で言って」と記入して「+」をクリックし、サンプル発話が登録されたら、「保存」をクリックします。

図: 英語用のカスタムインテントを作って保存までやったところ

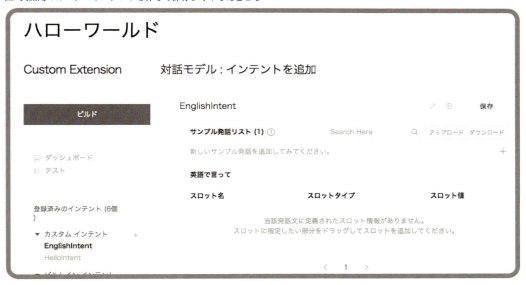

　カスタムインテントは1個あればビルドできるので、もう一度ビルドをクリックします。すると今度はちゃんと実行されます。

図: ビルド

「ビルド中」のシマシマが動かなくなったら完了。3〜4分ほどかかります。CEKのリリース当初は15分くらいかかっていましたが、かなり短縮されました。LINEのエンジニアさんに感謝です！それでも長いと感じる人は、スクワットをすると眠気がふっとんで良いですよ〜。

7.6 開発設定

ビルドが終わったら「ハローワールド」の対話モデルのウィンドウを閉じます。追加編集したいときは、あとでいつでも、左ペインの「対話モデル」から開くことができますのでご安心を。では左ペインの「開発設定」をクリックして「サーバー設定」のページを開いてください。次のように入力していきます。

- ExtensionサーバーのURL：ダミーのURLを記入します。「https://aaaaaaaa.com」
- AudioPlayer利用の有無：いいえ

図: Clova サーバー設定

　ExtensionサーバーのURLですが、まだサーバー側を準備していませんので、書こうにも存在しないという状況です。この入力欄は、先頭が「https://」で始まっていればOKです。後でサーバー側を用意したらこのURLは書き換えますのでご安心を。

ダミー URL を記入したら「保存」をクリックし、そのあと「次へ」をクリックします。

7.7 アカウント連携

アカウント連携の画面が開いたら、次のように入力します。
・アカウント連携の有無：いいえ

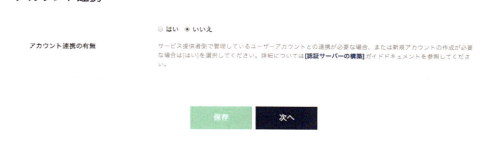

「保存」をクリックし、そのあと「次へ」をクリックします。

7.8 ユーザー設定「スキルストア」

「スキルストア」のページが開いたら、内容を記入していきます。公開しないので、ダミーの文章でOKです。

- カテゴリー：「コミュニケーション」
- サービスを提供する国および地域：「ClovaがExtensionを提供するすべての国および地域」
- スキルの説明(スキルストア表示)：「ほげほげ」
- 代表サンプル発話：
    — 「ねぇClova、ハローワールドを起動して」
    — 「よう、元気か」
    — 「ねぇクローバ、ハローワールドを起動して、英語で言って」
- 検索キーワード（任意）：（入力しない）
- アイコン：512x512 ピクセルの画像をアップロード
- 対象デバイス：全部チェックする

アイコン画像には、512x512 ピクセルの PNG（透明度を適用可能）または JPG 形式の画像を用意する必要があります。1 ピクセルでも短かったり長かったりするとエラーが出ます。

512x512 ピクセルの画像を作れない場合は、画像サンプルをGithubにアップしてあります。ブラウザーでこちらの URL にアクセスして、ダウンロードしてください。

```
https://github.com/sitopp/clova-helloworld-onsen-pub
```

図: サンプルアイコン

次が入力した画面です。入力できたら「次へ」をクリックします。

「個人情報の保護および規約同意」のページが開いたら、次のように内容を入力します。
・購入/支払い機能：「いいえ」
・個人情報を取得しますか？：「いいえ」
・プライバシーポリシーのURL：入力しない
・利用規約のURL：入力しない

図: Clova 個人情報の保護

第7章 Clovaスキル開発者デビュー！ 73

「保存」をクリックしてから「次へ」をクリックしましょう。

7.9 テスト

テストシミュレーターが開きます。サンプル発話の入力欄に、「よう、元気か」と記入してから「テスト」をクリックしてください。

すると次のように、「エラーが発生しました。詳細は[サービス応答]欄をご確認ください。」というエラーが帰ってくると思います。

これは、先ほど「開発設定」で「ExtensionサーバーのURL」にダミーのURLを登録したからで、応答があるはずないので、正しい状態です。では次の章で、Clovaスキル本体のプログラミングをしていきましょう(^o^)。

第8章　スキル本体のプログラムを作る

8.1　Finderで、コードを置くフォルダをつくる

　Macintosh ＞ ユーザー ＞ 自分のユーザー名 に、「workspace」というフォルダを作成します。（すでに「workspace」フォルダが存在する場合は使ってもOKです。）さらに、「workspace」の中に「clova-cek」というフォルダを作成し、「clova-cek」の中に「helloworld」というフォルダを作成しておきます。

図: Finder で workspace フォルダを作るところ

8.2　「helloworld」コードのダウンロード

　Chrome等のブラウザーで次のURLを打ち込んでGithubにアクセスし、筆者のGithubのサイトから、サンプルコードをダウンロードしてください。

```
https://github.com/sitopp/clova-helloworld-onsen-pub
```

図：Githubからダウンロード

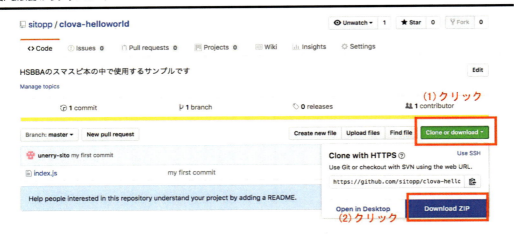

zipを解凍すると、「server.js」というファイルが出てきますので、Finderで、先ほど作ったワークスペースの中にドラッグ＆ドロップして、移動しましょう。

図：ファイルコピー

VisualStudioCodeを起動し、「ファイル」メニュー＞「開く」にて、workspace＞clova-cek＞helloworldを選択し「開く」をクリック。すると、さっきコピーした「server.js」がそこにいるはずです。クリックしてファイルを開いてみましょう。

「server.js」の中身は次のようになっています。

```
'use strict';

//パッケージ
const clova = require('@line/clova-cek-sdk-nodejs');
const express = require('express');
const app = new express();

//定数を.envファイルから読み込む
```

第8章　スキル本体のプログラムを作る

```javascript
require('dotenv').config();
const EXTENTION_ID = process.env.EXTENTIOIN_ID;
const APP_PASS = process.env.APP_PASS;
const PORT = process.env.PORT;

//debug表示
console.log('EXTENTION_ID:' + EXTENTION_ID);
console.log('APP_PASS:' + APP_PASS);
console.log('PORT:' + PORT);


const clovaSkillHandler = clova.Client
    .configureSkill()

    .onLaunchRequest(responseHelper => {
        responseHelper.setSimpleSpeech({
            lang: 'ja',
            type: 'PlainText',
            value: 'ハローワールド',
        });
    })

    .onIntentRequest(async responseHelper => {
        const intent = responseHelper.getIntentName();
        const sessionId = responseHelper.getSessionId();

        console.log('Intent:' + intent);
        if(intent === 'HelloIntent'){
            responseHelper.setSimpleSpeech({
                lang: 'ja',
                type: 'PlainText',
                value: '私はいつも元気です',
            });

        }
        if(intent === 'EnglishIntent'){
            responseHelper.setSimpleSpeech({
                lang: 'en',
                type: 'PlainText',
                value: 'hello world',
            });
```

第8章　スキル本体のプログラムを作る　77

```
        }
    })

    .onSessionEndedRequest(responseHelper => {
        const sessionId = responseHelper.getSessionId();
    })
    .handle();


const clovaMiddleware = clova.Middleware({applicationId: EXTENTION_ID});
app.post(APP_PASS, clovaMiddleware, clovaSkillHandler);
app.listen(PORT, () => console.log(`Server running on ${PORT}`));
```

8.3 .envファイルの作成

VisualStudioCodeで、server.jsの下の空欄を右クリックし、「新しいファイル」を選びます。

図: .envファイルの作成

記入欄に、「.env」と入力してエンター。

図: .env ファイルの作成2

すると右の編集欄に「.env」のタブが開きますので、下のように記入します。

```
EXTENTIOIN_ID="xxxxxxxxxxxxxxxxxxxx"
APP_PASS="/clova"
PORT="3000"
```

なお、"xxxxxxxxxxxxxxxxxxxx"のところは、先ほど「Clova Developer Center」で「Extention ID」として記入したのと同じものを書いてください。筆者の場合はClova Developer CenterでExtention IDに「jp.hogehoge.helloworld」と記入していましたので、次のようになります。

図: .env ファイルの編集

「Ctrl」＋「s」で保存できます。

8.4　npmをつかって必要なパッケージの追加インストール

さて、また黒い画面ことターミナル.appを使って、コマンドを実行していきます。まず、server.jsを置いたフォルダに移動します。「Macintosh HD > ユーザ > sitopp > workspace > clova-cek > helloworld」の場合、ターミナル上で移動するコマンドは次のようになります。

```
$ cd ~/workspace/clova-cek/helloworld
```

図: コマンド実行

```
helloworld — npm TERM_PROGRAM=Apple_Terminal SHELL=/bin/bash — 87×21
[Apple-no-MacBook-Air:helloworld sitopp$
[Apple-no-MacBook-Air:helloworld sitopp$
[Apple-no-MacBook-Air:helloworld sitopp$
[Apple-no-MacBook-Air:helloworld sitopp$
[Apple-no-MacBook-Air:helloworld sitopp$
[Apple-no-MacBook-Air:helloworld sitopp$
[Apple-no-MacBook-Air:helloworld sitopp$
[Apple-no-MacBook-Air:helloworld sitopp$
[Apple-no-MacBook-Air:helloworld sitopp$
[Apple-no-MacBook-Air:helloworld sitopp$
[Apple-no-MacBook-Air:helloworld sitopp$
[Apple-no-MacBook-Air:helloworld sitopp$
[Apple-no-MacBook-Air:helloworld sitopp$
[Apple-no-MacBook-Air:helloworld sitopp$
[Apple-no-MacBook-Air:helloworld sitopp$
[Apple-no-MacBook-Air:helloworld sitopp$
[Apple-no-MacBook-Air:helloworld sitopp$ cd ~/workspace/clova-cek/helloworld
[Apple-no-MacBook-Air:helloworld sitopp$ npm init
```

> 「~」はティルダ、とかチルダ、と読み、「~/」と書くと、Linux系のOSではユーザーのルートディレクトリーを意味します。入力の仕方は、Macの日本語キーボードなら、「英数」のキーを押したあと、Shift +「へ」のキーを押します。※「へ」は「ほ」の右隣にあるキーです。

package.jsonを生成します。

```
$ npm init
```

いくつか聞き返されますが、ひたすらエンターを押していけばOKです。8〜9回くらいです。次に、必要なパッケージをインストールします。

```
$ npm i
$ npm install @line/clova-cek-sdk-nodejs
$ npm install express
$ npm install dotenv
```

ここでもし、「npm ERR!」が出たら、何か手順に不備があります。「npm ERR!」の後ろに続くエラーメッセージをググって、トラブルシュートをしてください。

8.5　エラーが出ちゃった時の調べ方

全ケースを洗い出すのは難しいため、ここでは基本的な調べ方をお伝えします。例えば次のようなエラーが出たとします。

```
npm ERR! code ENOSELF
npm ERR! Refusing to install package with name "@line/clova-cek-sdk-nodejs" under a package
npm ERR! also called "@line/clova-cek-sdk-nodejs". Did you name your project the same
npm ERR! as the dependency you're installing?
```

　行の頭に「npm ERR!」という文字が入ってしまっているので見辛いのですが、これを除いて文章にしていきます。

```
code ENOSELF
Refusing to install package with name "@line/clova-cek-sdk-nodejs"
under a package also called "@line/clova-cek-sdk-nodejs".
Did you name your project the same as the dependency you're installing?
```

　後半に「Did you name your project the same as the dependency you're installing?」という一文が出て来ますね。この文章をコピペでググります。すると、日本語で解説してくれてるページがヒットしました。ありがたい！

図: エラーメッセージをググったところ

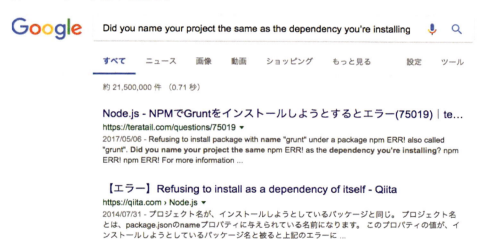

　2番目のサイトが参考になります。スニペットに、「このプロパティーの値が、インストールしようとしているパッケージ名と被るとこのエラーに……」とありますね。実はこれ、さっき一回コマンド実行していたので、2回目はエラーが出ますという意味だったのです。つまりこの場合、もうインストールされているから重ねてインストールすることは不要、という意味でしたので、そのまま続けて大丈夫という事になります。

第9章 サーバーの起動

9.1 RESTfulサーバーの起動

npmで必要なパッケージのインストールができたら、appを実行してみましょう。

```
$ cd ~/workspace/clova-cek/helloworld
$ node server.js
```

次のように、コマンド実行後に「Server running on 3000」というメッセージが表示され、コマンドプロンプトである「$」が表示されず、画面の左端にカーソルが寄っていたら起動成功です。

図: サーバー起動

この画面は、Clovaの疎通確認が終わるまで開けっ放しにしておきます。作業が長引くなら画面を閉じてもOKです。再開するときには、上のコマンドを再度実行して、RESTfulサーバーを起動してください。

9.2 ngrokクライアントのインストール

ngrokとは、ローカルホストで動いているサーバーを、LANの外からアクセスできるようにするツールです。一般の家庭では、家の中からインターネットに出て行くことはできても、インターネットから家の中へのアクセスは許可しないと思います。許可する場合は、接続者を限定しないと、あっという間にハッカーに乗っ取られてしまいます。ngrokは、インターネットから家の中へのア

クセスを安全にするためのトンネルを提供してくれます。ですがいくら安全といっても、ngrokが発行するurlは他人に知られないようにしましょう。

図: ngrok公式サイト - How it works?より

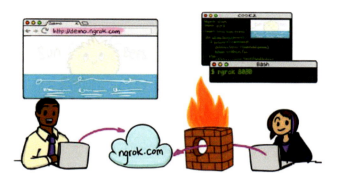

　Clovaスキルの場合、LINE Clovaからwebhookを受信するために、RESTfulサーバーを立ち上げておく必要があります。この章では、Mac OS上でNode.jsのコードによるRESTfulサーバーを3000番ポートで立ち上げますので、LINEのサーバー上にあるClovaから、家の中にあるMacめがけて接続できるようにしてあげないといけません。

　ではさっそくやってみましょう。前の項に引き続き、ターミナル.appを使用します。ngrokのクライアントをインストールします。

```
$ install ngrok
```

次のコマンドで起動します。

```
$ ngrok http 3000
```

　すると、ターミナルの画面のプロンプトが消えて、次のようなngrogのモニタリング画面となります。

図: ngrok - status

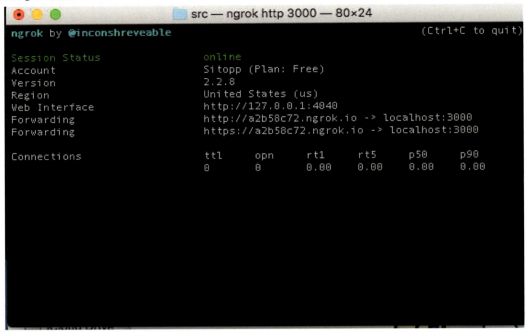

この中で、次のurlの部分に注目してください。

```
Forwarding                     http://a2b58c72.ngrok.io -> localhost:3000
Forwarding                     https://a2b58c72.ngrok.io -> localhost:3000
```

　これが外部から接続するときに使うURLです。Clovaの場合、「https://」の方を使います。ところでngrokは、再起動するたびに、URLをランダムに変更するようになってます。試しに一度停止して、再度立ち上げてみましょう。モニタリング画面上にカーソルを置いておき、「Control + c」をキーボードから打ち込みます。するとngrokが終了して、コマンド入力画面に戻ります。

図: ngrok - 終了したところ

```
●●●                          src — -bash — 80×24
[Apple-no-MacBook-Air:src sitopp$
[Apple-no-MacBook-Air:src sitopp$
[Apple-no-MacBook-Air:src sitopp$
[Apple-no-MacBook-Air:src sitopp$
[Apple-no-MacBook-Air:src sitopp$
[Apple-no-MacBook-Air:src sitopp$
[Apple-no-MacBook-Air:src sitopp$
[Apple-no-MacBook-Air:src sitopp$
[Apple-no-MacBook-Air:src sitopp$
[Apple-no-MacBook-Air:src sitopp$
[Apple-no-MacBook-Air:src sitopp$
[Apple-no-MacBook-Air:src sitopp$
[Apple-no-MacBook-Air:src sitopp$
[Apple-no-MacBook-Air:src sitopp$
[Apple-no-MacBook-Air:src sitopp$
[Apple-no-MacBook-Air:src sitopp$
[Apple-no-MacBook-Air:src sitopp$
[Apple-no-MacBook-Air:src sitopp$
[Apple-no-MacBook-Air:src sitopp$
[Apple-no-MacBook-Air:src sitopp$
[Apple-no-MacBook-Air:src sitopp$ ngrok http 3000
Apple-no-MacBook-Air:src sitopp$
```

もう一度。

```
$ ngrok http 3000
```

コマンドを実行すると、またngrokのモニタリング画面が表示され、「Forwarding」のURLには、先ほど違うものが記載されているはずです。例えば、次のようになります。

```
（再起動前）
Forwarding                     http://a2b58c72.ngrok.io -> localhost:3000
Forwarding                     https://a2b58c72.ngrok.io -> localhost:3000
（再起動後）
Forwarding                     http://fad8481f.ngrok.io -> localhost:3000
Forwarding                     https://fad8481f.ngrok.io -> localhost:3000
```

起動するたびに変わるという事を覚えておいてください。これでngrokの準備ができました。

9.3　ClovaスキルとngrokのURLの紐付け

ブラウザーでClovaデベロッパーセンターにアクセスします。

```
https://clova-developers.line.biz/cek/#/list
```

スキル名「ハローワールド」の行の横にある「基本情報」の「修正」リンクをクリックし、開いた画面の中にある「開発設定」の文字をクリックします。

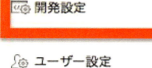

「ExtensionサーバーのURL」の入力欄が出てきます。先ほどダミーを入力したところです。ここにngrokが発行してくれたURLの後ろに「/clova」をつけたものを記入して、「保存」をクリックします。

※次の画像では、筆者が生成したURLを記入していますが、ここは自分が生成したURLに差し替えてください。

図: Clovaデベロッパーセンター上の編集画面

　次の「アカウント連携」画面が開いたらOKです。[1]

9.4　シミュレーターからの呼び出しテスト

　ヘッダ部分にある「テスト」をクリックして、シミュレーターを開きましょう。

　わかりづらいのですが、左下に「テストしたい発話の内容を入力してください」と表示されているところが入力欄です。ここに「よう、元気か？」と入力してください。

---

1. Clovaデベロッパーセンターβは、βという名前が示す通り、日々進化し続けています。この本が出る頃はもう違うかもしれません。もし記述通りの画面が見つからなかったら、似たような機能を探してみてください。

　すると、テスト結果が返ってきます。会話部分に「私はいつも元気です」と表示されていたらOKです。

　もし応答がなかったり、エラーメッセージが表示されてしまったら失敗です。次の項を参照しながら、トラブルシュートを進めてください。

9.5　トラブルシュート

サービスの応答が「応答がありません。(undefined)」の場合

　カスタムインテントを作成した際、サンプル発話に指定したもの以外を入力している可能性があります。clovaの設定画面を開き、確認をしましょう。

```
https://clova-developers.line.me/cek/
```

　Clova Developer Center βの「登録済みのスキル」＞「ハローワールド」＞「対話モデル」＞「対話モデルを編集する」リンクをクリックします。カスタムインテント＞「HelloIntent」＞「サンプル発話リスト」の中に、「よう、元気か？」が入っていることを確認してください。

サービスの応答「応答がありません。(502)」の場合

　RESTfulサーバーが立ち上がっていない、あるいは、ngrokに接続できない、あるいは、Clova Developer Centerの「スキル設定」の「サーバー設定」が間違っている、などの原因が考えられます。次の章を見直しながら、もう一度やり直しをしてみてください。

- ・「9.1 RESTful サーバーの起動」
- ・「9.2 ngrok クライアントのインストール」
- ・「9.3 Clova スキルと ngrok の URL の紐付け」

特に、「9.3 Clova スキルと ngrok の URL の紐付け」では、次の点に注意してください。

- ・URLの先頭は「https://」で始まっているか？
- ・末尾に「/clova」が入っているか？

いかがでしょうか？呼び出しに成功しましたでしょうか？

---

　server.jsなど、node.jsのコードを書き直した場合は、修正内容を反映するために、プロセスを再起動する必要があります。ターミナルを開き、実行中の「node server.js」をctrl+cで停止し、再度「node server.js」を実行して起動してください。

　なお、node.jsを修正したり再起動しても、ngrokの再起動は必要ありません。ですがngrokのプロセスは時間が経つと停止してしまうのと、ターミナルを閉じると停止してしまいます。

　今のように短期的なテストで使う際には構わないのですが、永続的に使いたい場合は、ノートパソコンなどではなく、常時接続が可能なサーバーを立てる必要があります。いくつかある方法のうちAWSを使う方法について、11章で詳しく説明します。

第10章　実機で喋らせよう

　本章では、Clova Friendsなどの実機を使います。対応機種は、「機材の用意」の「Clovaデバイス」を参照してください。

　実機を入手したら、Clovaデバイスの初期設定をすませておきましょう。詳しい説明は、Clovaデバイスの本体についている説明書に書いてあります。Clovaに天気を聞いたら教えてくれたり、音楽を流してもらえるようになっていれば、OKです。

10.1　Clovaアプリで、テスト中のスキルを「有効」にする

　スマートフォンでClovaアプリを開き、画面の右下に出て来る、3つの点マークをタップします。

　設定メニューが表示されますので、「スキルストア」をタップしてください。

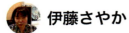

スキルストアには、一般企業や開発者の方によって一般公開されたスキルのほかに、「現在テスト中のスキル」として、自分が作ったスキルも並んでいます。

この中に「ハローワールド」が有るはずですので、探してタップしてください。

スキルの詳細画面が開きますので、「利用開始」をタップします。

ハローワールド

スキルの使い方例

ねぇClova、ハローワールドを起動して

よう、元気か

ねぇクローバ、ハローワールドを起動して英語で言って

対象デバイス

これでClovaデバイスで「ハローワールド」スキルが使えるようになります。

もし、友達にもテストしてもらいたい場合、次のようにテスター登録ができます。あらかじめ、友達からLINEアカウントと紐づいたメールアドレスを教えてもらっておいて下さい。

https://developers.line.biz/console/
↓
プロバイダ選択メニューで、該当のものを選ぶ
↓
チャネル一覧が表示されるので、その中から該当のチャネルをクリック
↓
「テスター管理」タブをクリックすると、次の画面が開きます。
図: テスター管理
↓
「追加」
↓
どのメニューでも良いですが、「メールアドレス個別登録」がわかりやすいと思います。ここで友達のメールアドレスを登録しましょう。友達には招待メールが届きますので、ガイダンスに従って登録をしてもらいましょう。
※友達がiPhoneのSafariブラウザーでプライベートモードを使っていると、認証に失敗します。この時だけプライベートモードは使わないようにお願いをしておきましょう。

10.2 Clovaスキル「ハローワールド」の動作確認

おさらいです。このスキルで実現したい会話は次の内容でした。

・自分：ねぇClova
・クローバー：(ポーン)
・自分：ハローワールドを開いて
・クローバー：ハローワールド
・自分：よう、元気か？
・クローバー：私はいつも元気です
・自分：英語で
・クローバー：Hello World

このシナリオどおり、Clovaに向かって、「ねぇClova、ハローワールドを開いて」と話しかけてみてください。正常に動作すれば、「ハローワールド」と返答します。うまくいったら、その後の会話も続けてみてください。

図: clova Friends

返答をしない場合は、失敗です。「ストップ」と言ってスキルを停止し、トラブルシュートをしていきましょう。Clova FriendsやClova Friends miniを使っているなら、「ストップ」と言う代わりに顔の一部を押せば、スキルを停止できます。[1]

10.3 トラブルシュート

「すみません、よくわかりませんでした」系の返事をした場合

Clovaアプリをインストールしたスマホが、Wi-Fiに繋がっていないとだめなので、スマホの設定を見直しましょう。

---

1. ブラウンなら鼻、サリーなら口を押すと、スキルが停止します。スキルだけでなく、音楽再生やLINE通話なども止められます。

「ハローワールドを起動することができませんでした。しばらくしてから、再度お試しください」と応答した場合

　RESTfulサーバーが落ちている、あるいは、ngrokのURLが変わってしまってる可能性があります。第9章に戻って立ち上げなおしましょう。

スキル名を呼んでも全く応答しない場合

　スキル名を呼んでも反応しなかったり、サンプル発話が期待したIntentに繋がらない場合、Clovaが正しく発話を認識していない可能性があります。そんな時は、次の「Clovaは自分の発言を何と認識しているか？」を調べてみましょう。

家入レオの「Hello To The World」という歌が流れてしまった場合

　これはレアケースですが、うっかり「ねぇClova、ハローワールドを流して」と呼びかけてしまったのではないかと思われます。正しい起動ワードは「ねぇClova、ハローワールドを開いて」ですので、もう一度聞き直してみてください(^o^)！

図: いい歌ですね

10.4　Clovaは自分の発音をどのように認識しているかを調べる

・Clova Developer Center β
　— https://clova-developers.line.biz/cek/#/

「ハローワールド」スキルの「編集」リンクを開きます。

　上図の(1)左ペインの「対話モデル」をクリックし、(2)右フレームの「対話モデルを編集する」ボタンをクリックします。

　このポップアップが開いたら、(1)左ペインの一番下にある「発話履歴」アイコンをクリックしてください。右フレームに「対話モデル：テスト」画面が開いたら、(2)「発話履歴」の右にあるON/

OFFスイッチをONにしてください。この状態でClovaに話しかけると、発話内容を表示してくれます！筆者の場合、ハローワールドと言ったつもりなのに、滑舌が悪くて「ハローワーク」になってしまっていました。これではダメですね。アナウンサーのようにしっかりはっきり「ハローワールド」と言い直してみましょう。

10.5　Clovaに英語を喋らせよう

このソースでは、英語の回答も仕込んであります。最後の「英語で」への回答として、クローバーが突然ネイティブ英語で「Hello World」と返答すると思います。やたらいいアクセントなので驚きました！(^o^)

- 自分：ねぇ Clova
- クローバー:(ポーン)
- 自分：ハローワールドを開いて
- クローバー：ハローワールド
- 自分：よう、元気か？
- クローバー：私はいつも元気です
- 自分：英語で
- クローバー：Hello World

Clovaの対応言語は、日本語、英語、中国語、韓国語の4ヶ国語です。興味のある方は、コードを直していろいろ遊んでみてください(^o^)。

第11章　AWSにデプロイしよう

　Macのローカル環境では、家から会社や学校に移動するとインターネット接続が切れてしまい、Clovaスキルが応答できなくなってしまいます。しかし今後Clovaスキルを一般公開するなら、常に応答できる環境を作る必要があります。

　よく使われているのは、次の3つです。
・AWS Lambda
・heroku
・Firebase Functions

　この本では、AWS Lambdaを使うことにします。理由は、Alexaスキルを作るときにも応用できるからです。

　しかし注意しなければならないのは、AWSは従量課金ということです。ソシャゲの会社などは、毎月かなりの利用料を払っています。100万ダウンロードを超えたら数百万円かかるでしょう。試しに作ったスキルをAWSにアップして、こんなにお金がかかってしまったら大変です。

　そこで、無料でできる範囲を事前に確認してみます。

11.1　AWSの無料枠を確認する

　AWSの無料枠には、最初の12ヶ月無料の枠と、無期限無料枠とがあります。この本で使う3種類のサービスの無料枠を確認してみましょう。

図: https://aws.amazon.com/jp/free/

このサイトでは無料枠のアイテムが多すぎて、目当てのものがなかなか見えません。「Lambda
無料枠」「API Gateway 無料枠」のように個別にググると良いでしょう。以下に調べた結果を抜粋
します。

・Lambda
　—1か月あたり100万件の無料リクエスト、あるいは1か月あたり最大320万秒のコンピューティ
　　ング時間が、無期限無料
・API Gateway の「HTTP/REST API」
　—1か月あたり100万回まで、最大12か月間の間無料
・CloudWatch Logs の「ログ」
　—データ容量5GBまで、無期限無料

（2019年3月9日時点）※変更の可能性がありますので、必ずご自分でAWSのwebサイトをご確
認ください。

11.2　AWSの無料アカウントを作る

すでにAWSアカウントを持っている人は飛ばしてください。まだ持っていない人は、新規で作
成をしましょう。

```
https://aws.amazon.com/jp/
```

「無料で始める」という意味のボタンがありますので、そこからアカウントを作成してください。
なお、無料枠の使用だけでもクレジットカードの登録が必要になりますので、ご用意ください。

リージョンについて

　Lambda関数は、とくに指定をしなければ「バージニア北部」リージョンで作成されます。別にこれでも構いません
が、わざわざ太平洋の海底を伝って(?)アメリカまで往復する必要もないので、東京リージョンに置くようにしていま
す。変更したい場合は、Lambda関数を作成する前にリージョンを変更してください。
　作成済みのLambda関数のリージョン変更はできませんので、必ず、「作成時」に選ぶようにしましょう。

11.3　Lambda関数を作成

AWSマネジメントコンソールを開いたら、「サービスを検索する」の入力欄に、「Lambda」と入
力してください。予測変換でずらっと選択肢が出てきますので、一番上にある「Lambda サーバー
レスでコードを実行」をクリックします。

第11章　AWSにデプロイしよう　｜　101

図: AWS マネジメントコンソール

　するとLambdaのダッシュボードが開きます。初めての場合と、すでにLambda関数を作ったことがある場合では表示内容が違います。どちらにしても画面の中に「関数の作成」ボタンがあるので、クリックしてください。

　「関数の作成」画面が開きますので、「一から作成」をクリックして選択状態にします。パネルの背景が水色になります。

　「基本的な情報欄」に次のように入力、あるいは選択していきます。関数名やロール名は任意の名前で構いませんが、わかりやすくするために、この名前を使ってすすめてみましょう。

・関数名：clova-HelloWorld
・ランタイム：Node.js 8.10
・アクセス権限
・実行ロール：AWSポリシーテンプレートから新しいロールを作成
・ロール名：clovaLambdaRole
・ポリシーテンプレート：「基本的なLambda@Edgeのアクセス権限(CloudFrontトリガーの場合) CloudWatch Logs」

全部入力したら「関数の作成」をクリックします。10秒ほどで、Lambda関数が作成されて、関

数の設定画面が開いたら、「トリガーの追加」の中にある「API Gateway」をクリックします。

トリガーに「API Gateway」が追加されたら、「必要な設定」という注意マークが出ていると思います。そこで、「API Gateway」のパネルをクリックします。

画面の下のほうに、「トリガーの設定」欄が表示されますので、「API 既存のAPIを選択するか、新しい API を作成します。」の下の選択欄をクリックします。選択肢がブワッと立ち上がるので、「新規APIの作成」をクリックします。

セキュリティーの選択欄が現れますので、「APIキー使用でのオープン」を選択します。「▶ 追加の設定」をクリックすると、入力欄が開きますので、「デプロイされるステージ」を「product」に書き換えます。

・API：新規APIの作成
・セキュリティー：APIキー使用でのオープン

・API名：clova-HelloWorld-API（変更なし）
・デプロイされるステージ：product

　productというのは本番環境の意味です。この本では触れませんが、いずれ本番環境とテスト環境でデプロイ先のステージを分ける時はここを追加すると便利なので、今のうちから意味のある名前をつけておきます。

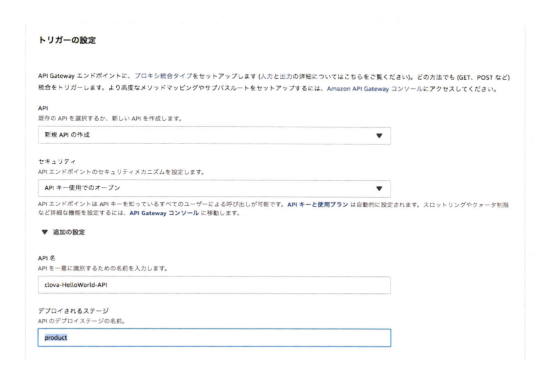

　入力ができたら下にスクロールして、画面右下にある「追加」ボタンをクリックし、画面上の方のオレンジ色の「保存」ボタンをクリックします。

すると、API Gatewayの欄に生成された「APIエンドポイント」が表示されますので、このURLをメモしておいてください。あとでClovaの設定画面で使います。

11.4　API GatewayにPOSTメソッドを追加

　実は、自動生成されたAPI Gatewayの接続メソッドは「ANY」となっています。しかしClovaからの接続はPOSTで行われますので、このままでは接続エラーが出て使えません。そこで、API GatewayがPOSTメソッドを受けるように変更しましょう。

　Lambdaのコンソールの左上にある「aws」のロゴをクリックすると、AWSマネジメントコンソールに遷移しますので、「サービスを検索する」入力欄に「API」と入力し、予測変換で「API Gateway」が表示されたらクリックします。すると「API Gateway」のコンソールが開き、さっきLambda関数から自動生成した「/clova-HelloWorld-API」のパネルがあるはずです。

パネル、あるいは左ペインの「/clova-HelloWorld-API」をクリックすると、「/clova-HelloWorld メソッド」の画面が開きます。

「ANY」を一度クリックしてから「アクション」をクリックし、「メソッドの削除」をクリックします。

「メソッドの削除　ANYを削除してよろしいですか？」というポップアップが出たら、「削除」ボタンをクリックします。ANYメソッドが消えたところで、本命のPOSTメソッドを追加しましょう。

「/clova-HelloWorld」の部分を一度クリックして背景が青い選択状態になったら、「アクション」ボタンをクリックし、「メソッドの作成」を選びます。

「/clova-HelloWorld」の1階層下に選択肢が現れますので、「POST」を選択します。

POSTの横にチェックとバツのアイコンが表示されますのでチェックをクリックします。

「/clova - POST - セットアップ」という入力画面が表示されますので、次のように入力していきます。
・統合タイプ：「Lambda関数」をチェック
・Lambdaプロキシ統合の使用：（チェックしない）
・Lambda関数リージョン：ap-northeast-1
・Lambda関数：clova-HelloWorld
・デフォルトタイムアウトの使用：（デフォルトでチェックがついているので、触らないでおく）

　入力できたら「保存」をクリックします。「Lambda関数に権限を追加する」という確認画面がポップアップ表示されたら「OK」をクリックします。数秒で生成され、次の画面が開きます。

11.5　APIをデプロイ

　「リソース」の右にある「アクション」をクリックし、表示された選択肢の中から「APIのデプロ

イ」をクリックします。

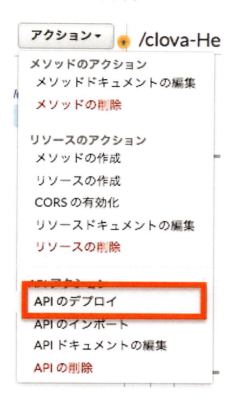

「APIのデプロイ」という画面が表示されたら、次のように入力していきます。
・デプロイされるステージ：product
・ステージの説明：(適当に入力、例えば「本番環境」)
・デプロイメントの説明：(適当に入力)

入力できたら「デプロイ」ボタンをクリックします。数秒で生成され、「product ステージエディター」という画面がひらけば成功です。

第12章　ClovaからLambdaに繋ぎこもう

12.1　Lambda関数にあわせてClovaスキルを修正

まず作業用フォルダを作成します。「clova-cek」の左側の三角をクリックすると、中身が開いたり閉じたりします。これを閉じた状態で、「clova-cek」の下の空白を右クリックし、「新しいフォルダー」をクリックして、「clova-cek-lambda」と入力しましょう。

次のように作成できればOKです。

次に、Lambda用のコードを調達します。「8.2 helloworldコードのダウンロード」で入手したファイルの中に入っているのですが、あらためてGithubからダウンロードしてみましょう。

https://github.com/sitopp/clova-helloworld-onsen-pub

「clone or download」ボタンをクリックすると表示される「Download zip」をクリック。zipを解凍したらいくつかファイルが入ってますので、「clova.jp」だけを作業用に作ったフォルダにドラッグ＆ドロップしてください。

第12章　ClovaからLambdaに繋ぎこもう　　113

12.2 node_modulesをインストール

今度はVSCodeのターミナルを使ってみましょう。

VSCodeのメニューの「ターミナル」から「新しいターミナル」をクリックします。

コードの編集欄の下に、先ほどターミナル.appで開いたのと同じ機能が出現します。

ではコマンドを打ち込んでいきましょう。現在地の確認をします。

```
$ pwd
```

/Users/ユーザー名/workspace/helloworld が表示されると思います。1階層下に移動しましょう。「$」のところを入力していきます。

```
$ cd clova-cek-lambda/
$ pwd
/Users/ユーザー名/workspace/helloworld/clova-cek-lambda（←結果表示）
```

「npmを使って必要なパッケージの追加インストール」と同じように、node_modulesをインストールしていきます。

```
$ npm init
（いくつか聞き返されますが、ひたすらエンターを押していけばOKです。8〜9回くらい。）
$ npm i
$ npm install @line/clova-cek-sdk-nodejs
```

今回はexpressやdotenvはインストールしません。

12.3　zip圧縮し、AWSにアップロード

VScodeのエクスプローラーで「clova-cek-lambda」を右クリックして、「Finderで表示します」をクリックしてください。

するとFinderのウィンドウが立ち上がり、現在のディレクトリーを開いてくれますので、お好みで画面デザインを整えましょう。

次に、「clova-cek-lambda」フォルダの中のファイルを全部選択して、右クリックで「4項目を圧縮」を選んでください。[1]

---

1. この時、「clova-cek-lambda」フォルダをzip圧縮するのではなく、フォルダの中のファイルだけをzip圧縮する、という事に気をつけてください。

すると「アーカイブ.zip」というファイルができます。
ブラウザーで、Lambda関数の一覧画面にアクセスします。

```
https://ap-northeast-1.console.aws.amazon.com/lambda/
```

先ほど作成した関数名「clova-helloworld」をクリックして設定画面を開きます。

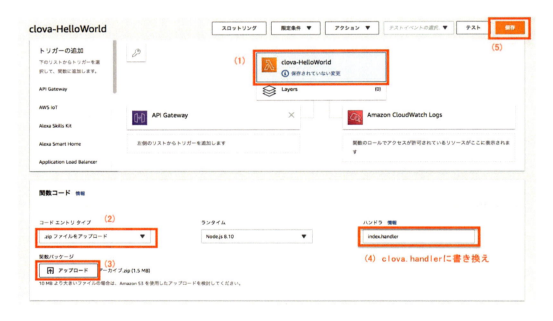

1. 画面中央の「clova-helloworld」パネルをクリックします。画面の下半分に「関数コード」が開きます。
2. 「コードエントリタイプ」の下の選択肢をクリックし、「.zipファイルをアップロード」に変更します。
3. 「関数パッケージ」の下の「アップロード」ボタンをクリックし、先ほど生成した「アーカイ

ブ.zip」を選択してアップロードします。
4．「ハンドラ」を「index.handler」から「clova.handler」に書き換えます。
5．保存をクリックします。

20秒〜30秒かかりますので、気晴らしに立ち上がってスクワットとかすると眠気も冷めて良いと思います(^o^)！

12.4　ClovaスキルからAPIに接続する設定

Lambdaコンソールはブラウザーで開いたまま、別のタブで「Clova Developer Center β」を開きます。

```
https://clova-developers.line.biz/#/
```

「スキルを開発する」をクリックし、LINEアカウントでログインします。スキルの一覧から「ハローワールド」の「編集」をクリックし、左ペインの「開発設定」の「サーバー設定」をクリックすると、次の画面が開きます。

(1)「ExtensionサーバーのURL」入力欄にさきほど「11.7 APIをデプロイ」で発行したAPIのURLを入力します。(2)の緑色のチェックが出たら、(3)の「保存」をクリックします。もし(3)が赤い「！」マークになっていたら、URLに誤りがありますので、次の点に注意して見直しをしてください。
・先頭が「https://」になっているか？
・先頭や末尾に、スペースが混入していないか？

保存が成功したら、(4)の「テスト」をクリックします。

12.5　シミュレーターでテストする

テスト画面が開いたら、左下の入力欄に「よう、元気か」と入力して、送信ボタンをクリックします。

正常に動けば、「私はいつも元気です」というテキストが返却されます。

「JSONのサービスリクエスト」欄には、Clova extention KitからLambda関数に送られたJsonが記載されています。「サービス応答」には、Lambda関数からの応答が表示されます。

うまくいかない場合は、トラブルシュートのため「JSONのサービスリクエスト」を全文コピーしてメモ帳などにコピーし、次の「Lambda関数のテスト」に進みましょう。

12.6　Lambda関数のテスト

Lambda関数のコンソールに戻ります。

```
https://ap-northeast-1.console.aws.amazon.com/lambda/
```

一覧の中から「clova-helloworld」をクリックして設定画面を開きます。「テストイベントの選択...▼」をクリックして、「テストイベントの設定」を選択します。「テストイベントの設定」のモーダル画面が開いたら、次のように入力します。

・「新しいテストイベントの作成」にチェック
・イベント名：areyouok（適当に入力でOK）
・Json入力欄：Clovaのテスト画面で取得したJSONで上書き

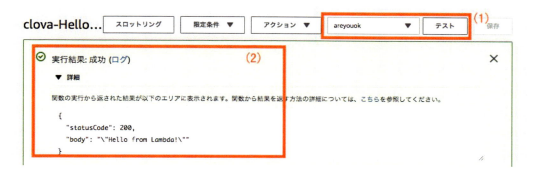

入力できたら「作成」をクリックします。モーダル画面が閉じます。「アクション」の横の選択肢部分(1)で「areyouok」が選ばれた状態にしてから、「テスト」をクリックします。(2)の実行結果が成功ならOKです。しかし失敗の場合は、Lambda関数の中に何らかの誤りがあります。

> 今回は説明の都合上、Clova Developer Center βのシミュレーターでのテストを先に行いましたが、それは、Clovaから API Gateway に渡される Json が欲しかったからです。これは一度入手すれば、スキルの設定を変えない限り、Lambda関数の単体テストでずっと使えます。
> Lambda関数は保存時に文法チェックなどの機能がないので、ご自分でLambda関数を書き換えてみた時に、保存後必ずLambda関数の単体テストをするようにして、Clovaとの結合テストの手前でミスを潰しておくのが良いでしょう。

12.7　トラブルシュート

デバッグの一例を挙げます。

Cannot find module '/var/task/index' というメッセージが出てしまった場合

「Cannot find module '/var/task/index'」でググると、親切な方の書かれたQiitaがヒットしまし

た。ありがたいことです。
　・Lambdaコードをzipであげたら"Cannot find module"と言われた時
　　――https://qiita.com/TLamp/items/29658cc8fdc1d73e3f49
　そういえばzip圧縮する際、フォルダごと圧縮してしまっていました。正しくは「フォルダの中身だけ」なので、やり直してアップしたところ、正常に動くようになりました。

12.8　実機でテストする

　シミュレーターでのテストがうまくいったら、今度はClovaに向かってテストしてみましょう。今回は、Intentに書いたサンプル発話も認識するか試してみましょう。
　・自分：ねぇクローバ、ハローワールドを開いて
　・Clova：ハローワールド
　・自分：よう元気か
　・Clova：私はいつも元気です
　Clovaがこのように応答すればOKです！

12.9　まとめ

　これで、Clovaスキルをサーバーにアップして、常時動かせるようになりました。ハローワールドのセリフを変えたり、インテントを追加したりして、いろいろやってみましょう。
　次章は応用編で、LINE botと繋げる方法をご説明します。

第13章　LINE botにメッセージを送ろう

　LINE Clovaの良いところは、Clovaとの会話の中から、LINE にメッセージを送れることです。例えば、次のような例が考えられます。
・自分：クローバー、今日のお昼は何にしようかな
・クローバー：抗酸化作用の高いチキンスープはいかがでしょうか？風邪の予防に良いですよ。
・自分：それにするわ
・クローバー：チキンスープのレシピをLINEに送りますね。
　LINEに材料と写真付きのレシピが届けば、買い物にも作るときにも便利ですね。

図: Clova と LINE Messaging API を連携する場合のアーキテクチャ

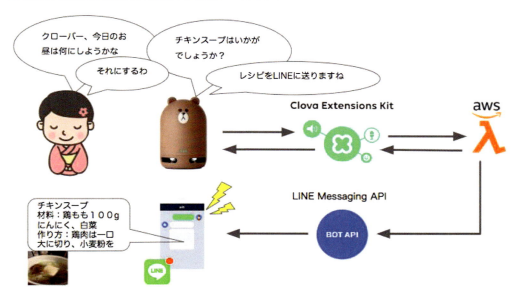

では先ほどのハローワールドのサンプルコードを使って、クローバーと会話している途中にLINEにメッセージを送るやり方を説明します。レシピスキルとアーキテクチャは同じです。「私はいつも元気です」のところが黄色くなっていますが、このセリフをClovaに送出する前に、LINE MessegerAPIを叩いてメッセージを送るようにしてみます。

図: ClovaとLINE Messaging APIを連携する場合のアーキテクチャ no.2

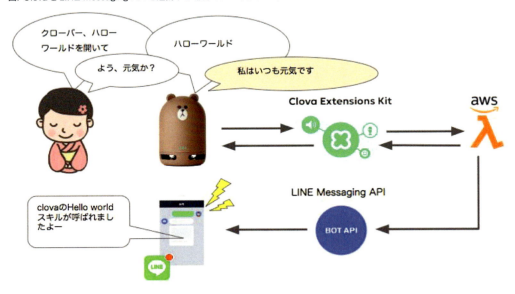

では実際に作ってみましょう。

13.1　Botの作成

LINE DeveloperでBotを作成します。

```
https://developers.line.biz/ja/
```

Clova Developer center βと同様にLINEアカウントでログイン後、「プロダクト」の「Messaging API」のイラストをクリック。

プロダクト

「今すぐはじめよう」をクリックし、「新規チャネル作成」画面が開いたら「プロバイダー選択」で先ほどClovaスキルのために作成したプロバイダーを選択します。筆者の場合は、「BigBang」というプロバイダーです。

「新規チャネル作成」をクリックします。
「Messaging APIの情報を入力してください」という画面が開いたら、次のように入力していき

ます。
- アプリアイコン画像：（未入力）
- アプリ名：ハローワールドBot版
- アプリ説明：（適当に入力）例）Clovaのハローワールドスキルと連動して、LINEにメッセージを送るBotです
- 大業種：（適当に選ぶ）
- 小業種：（適当に選ぶ）
- メールアドレス：普段使っているメールアドレスを指定
- プライバシーポリシーURL：（未入力）
- サービス利用規約URL ：（未入力）

アプリ説明

Clovaのハローワールドスキルと連動して、LINEにメッセージを送るBotです

最大500文字

大業種   小業種

飲食店・レストラン   イタリアン

メールアドレス ⑦

最大100文字

プライバシーポリシーURL

https://example.com/

最大500文字
HTTPS形式のURLを入力してください。

サービス利用規約URL

https://example.com/

最大500文字
HTTPS形式のURLを入力してください。

前の画面へ戻る   入力内容を確認する

　「入力内容を確認する」ボタンをクリックします。「情報利用に関する同意について」のポップアップが出たら「同意する」をクリック。「LINE@利用規約 の内容に同意します」と「LINE公式アカウント API 利用規約 の内容に同意します」にチェックをして、「作成」をクリックします。

　すると、チャネル一覧画面が開き、「ハローワールドBot版 Messaging API」ができているので、クリックします。

チャネルの詳細画面が開きます。

下の方にスクロールしていくと、「メッセージ送受信設定」というメニューがありますので、「ア

クセストークン（ロングターム）」の右にある「再発行」ボタンをクリックします。

「アクセストークンを再発行しますか？」というポップアップが出ますので、デフォルト表示の「失効までの時間：0時間後」のまま、「再発行」ボタンをクリックします。

また、その下の部分を次のように記入します。
・Webhook 送信：編集→利用する→更新
・Webhook URL：「12.5 Clova スキルから API に接続」で「Extention サーバーの URL」に指定したのと同じ URL を入力します。先頭の「https://」は要らないので削除してください。入力後「更新」。

Webhook URL欄の右にある「接続確認」というボタンをクリックして、正常にアクセスできるか確認しておきます。

13.2 BotのIDやハッシュ類を控えておく

入力し終わったら、このページの中にある次の値をコピーしておきましょう。
・Channel ID
・Channel Secret
・アクセストークン
・Your user ID

また、表示されているQRコードをLINEアプリから読み込んで、友達登録しておきましょう。あとでデバッグの際に使います。

これで　LINE Botは完成です。

13.3　Lambda関数のコードダウンロード

Clovaから呼び出すLambda関数を新しく用意しましょう。

前の章でGithubからダウンロードしたzipファイルに中に入っている「clover_withBot.js」ファイルを使います。

```
新たにダウンロードする人はこちら：
https://github.com/sitopp/clova-helloworld-onsen-pub
> clone or Download >Download Zip
```

VSCodeで新しいフォルダ「clova-cek-lambda-withbot」を作成し、その中に「clover_withBot.js」を移動して、名前を「clova.js」に変更します。

clova.jsの中を編集します。

```
//LINE メッセージ通知 関数
const line = require('@line/bot-sdk');
const pushLineMessage = (text,userId) => {
    const client = new line.Client({
        channelAccessToken: BOT_ACCESS_TOKEN ,
    });
    const message = {
        type: 'text',
        text: text,
    };
    userId = 'ここを自分のユーザーIDに書き換える';
    return client.pushMessage(userId, message);
};
```

「ここを自分のユーザーIDに書き換える」の箇所を、「BotのIDを控えておく」でコピーしておいた、「Your user ID」の値で上書きしてください。

```
例）
    userId = 'abcdefghijklmn';
```

シングルコーテーション（「'」）や、末尾の「;」が消えてしまうと、文法エラーになってしまいますのでご注意を。command + s でファイルを保存しておきます。

さて次に、npmコマンドでnode_modulesのインストールをしていきます。いまVSCodeのターミナルを開いていたら、いったん閉じてください。

図: ターミナルを閉じる時は、ここをクリック

```js
'use strict';

const clova = require('@line/clova-cek-sdk-nodejs');

//LINEボット連携
const line = require('@line/bot-sdk');
const line_client = new line.Client({
  channelAccessToken: ACCESS_TOKEN
});


exports.handler = clova.Client
    .configureSkill()

    .onLaunchRequest(responseHelper => {
        responseHelper.setSimpleSpeech({
            lang: 'ja',
            type: 'PlainText',
            value: 'ハローワールド',
        });
    })

    .onIntentRequest(async responseHelper => {
        const intent = responseHelper.getIntentName();
        const userId = responseHelper.getUser().userId;

        console.log('Intent:' + intent);
        if(intent === 'HelloIntent'){
```

```
問題    出力    デバッグ コンソール    ターミナル                                   1: bash

npm WARN clova-cek-lambda@1.0.0 No repository field.

audited 51 packages in 0.766s
found 0 vulnerabilities

sitopp:clova-cek-lambda sitopp$ npm install @line/clova-cek-sdk-nodejs
npm WARN clova-cek-lambda@1.0.0 No description
npm WARN clova-cek-lambda@1.0.0 No repository field.
```

　再度、メニューの「ターミナル」から「新しいターミナル」をクリックして、ターミナルを開きます。ターミナルを開きなおすと、VSCodeで開いているルートのディレクトリーの位置に戻りますので、新たな作業用のディレクトリーに移動してから、インストールをしていきます。次のコマンドを実行してください。

```
$ cd clova-cek-lambda-withbot


$ npm init
 (8〜10回くらい空エンターし、「Is this OK? (yes) 」までエンターしたら終了)
$ npm i
$ npm install @line/clova-cek-sdk-nodejs
$ npm install @line/bot-sdk
```

　VSCode上で「clova-cek-lambda-without」をクリックして選択状態にしてから、右クリックして「Finderで表示します」を選びます。Finder上で、「clova-cek-lambda-without」フォルダの中でcommand＋aを押して選択状態にし、マウスを右クリックして「4項目を圧縮」を選択します。「アーカイブ.zip」ファイルが生成されたら、次へ進みましょう。

第13章　LINE botにメッセージを送ろう　│　131

13.4 Lambda関数の上書き

AWS のマネジメントコンソールで、Lambdaのメニューを開きます。

```
https://ap-northeast-1.console.aws.amazon.com/lambda/
```

Lambda関数の一覧から、「clova-HelloWorld」をクリックして、ダッシュボードを開きます。

「▼Designer」メニューの中にある「clova-helloworld」のパネルをクリックすると、すぐ下のブロックに関数コードの編集メニューが開きますので、「コードエントリタイプ」を「.zipファイルをアップロード」に変更し、関数パッケージの「アップロード」ボタンをクリックし、「アーカイブ.zip」をアップロードします。

LINE Messaging APIとの連携のため、ひとつ新しい設定が必要です。下にスクロールすると、「環境変数」のメニューが開いていますので、ここに、LINE Messaging APIのwebサイトで発行したアクセストークンを入力しましょう。

・キー：「ACCESS_TOKEN」
・値：「13.2BotのIDを控えておく」でメモしたアクセストークン

入力が終わったら、画面右上のオレンジ色の「保存」ボタンをクリックします。

13.5 Lambda関数のテスト

画面上の方の「アクション」の右横の選択肢を「areyouok」に変更してから、「テスト」をクリックします。

成功すれば、LINEのデベロッパーアカウントと紐づいたLINEアプリに、「テストです」というメッセージが届くはずです。

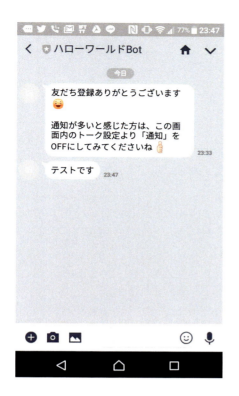

13.6 Clova実機テスト

Cloba端末に話しかけてテストしてみます。
・自分：クローバー、ハローワールドを開いて
・クローバー：ハローワールド
・自分：よう元気か？
・クローバー：私はいつも元気です。
クローバーが最後のセリフを言った後で、スマホにLINEメッセージが届くはずです。

13.7 ユーザーIDを動的に取得するように変更

先ほどは、ユーザーIDを固定で記入して動かしていましたが、実際のユーザーIDを、Clova Extention Kitの受信内容から抽出して、動的にセットしてみましょう。一般公開する際には必要となります。

先ほど編集したclova.jsを、再度編集します。

```
//LINE メッセージ通知 関数
const line = require('@line/bot-sdk');
const pushLineMessage = (text,userId) => {
    const client = new line.Client({
```

```
        channelAccessToken: BOT_ACCESS_TOKEN ,
    });
    const message = {
        type: 'text',
        text: text,
    };
    //userId = 'abcdefghijklmn';  ←この行の先頭に「//」を記入して、コメントアウトする
    return client.pushMessage(userId, message);
};
```

変更したら、command + s で保存します。

AWSのマネジメントコンソールで、Lambda関数「clova-Hellowprld」のメニューを開きます。下にスクロールして「関数コード」メニューの「コードエントリタイプ」を「コードをインラインで編集する」に変更してください。するとNode.jsのコードをwebの画面上にてコードエディタにより編集できるようになりますので、左ペインの「clova.js」をクリックし、右側の編集欄にclova.jsのコードを開きます。

VSCodeのclova.jsの編集窓の中を、command + a で全文選択し、 command + c で全文コピーし、Lambda関数のコードエディタに貼り付けて、右上のオレンジの「保存」マークをクリックします。

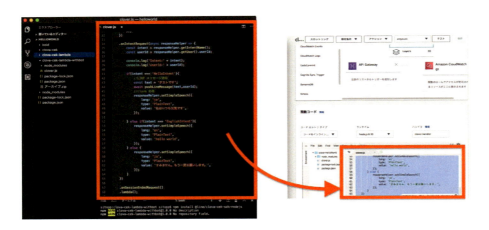

　Lambda関数の書き換えは、デプロイパッケージサイズが3MB以内なら、このようにコンソールエディタの画面から直接書き換えることが可能です。
　しかし、いろいろ便利なnode_moduleを使い、サイズが膨らんでいくと、すぐに3MBを超えてしまいます。
　開発中はごちゃごちゃと試行錯誤しますので、node_moduleが増えていってしまいますが、リリース前に一度整理して、必要なものだけを使うようにするのが良いでしょう。
　開発を高速化するためには、2018年11月にリリースされた「AWS Lambda Layers」を使うという方法もあります。node_moduelsはlayerにアップロードし、jsファイルだけをLambda関数にアップするという方法です。

こうすれば、Lambda関数のマネジメントコンソールからNode.jsのコードを編集でき、保存は数秒でできます。zipを作ってLambda関数にアップロードして数十秒かけて保存、という手順と比べるとはるかに早く、平日夜にスキルを作っていても寝落ちが減りました。

S3の料金が発生するようなので無料枠に収まるかどうか注意する必要はありますが、大変便利です。AWS初年度の利用枠が活用できるので、枠に収まる範囲でぜひ使ってみてはいかがでしょうか？

13.8 動的ユーザーIDによる、Clova実機テスト

動的にユーザーIDを取得するようにしたLambda関数は、Lambda関数の単体テストをするとエラーが出てしまいます。これは、「areyouok」テストインタフェースに渡したJsonからはuserIdが取得できないために起きたエラーなので、問題ありません。

"errorMessage": "Request failed with status code 400",

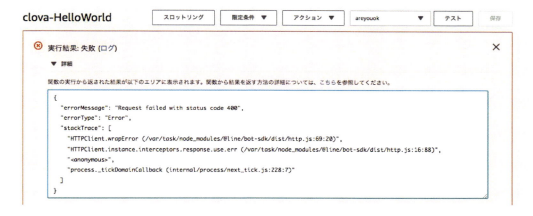

そこで単体テストはせずに、直接実機テストしてみましょう。

次のようにClovaデバイスから呼びかけてみます。

・自分：クローバー、ハローワールドを開いて
・クローバー：ハローワールド
・自分：よう元気か？
・クローバー：私はいつも元気です。

クローバーが最後のセリフを言い終わらないうちに、スマホにLINEメッセージが届くはずです。メッセージが飛んでくるスピードは速く、ストレスを感じないでしょう。いかがでしょうか？

13.9 まとめ

いかがでしたか？うまくいきましたでしょうか？サンプルコードは基本的なものなので、いろいろとアレンジして使ってみてください。

Clovaスキルの醍醐味は、LINE BotやLINE Beaconなど、LINEの他のAPIと繋げるところにあります。無限の組み合わせと、まだこの世にないさまざまなサービスの可能性があります。LINEさ

んは、それを一般の人が考えて実装できるように、仕様をオープンにしています。

　基本的なスキルの作り方がわかったら、次はセリフをアレンジして、自分のオリジナルのスキルを作ってみてください。Clova Developer Center β に様々な資料が乗っていますので、これらを読んで作っていくのが良いでしょう。

- ・Clova Developer Center β
  - ―https://clova-developers.line.me/guide/
- ・Clova Extensions Kit
  - ―https://developers.line.biz/ja/docs/clova-extensions-kit/
- ・LINE Developers
  - ―https://developers.line.biz/ja/docs/

　LINE さんはときどき開発者キャンペーンを実施していて、Tシャツプレゼントや、賞金をかけたアワードも開催しています。筆者たち「温泉BBA」も 2018年 11月の「LINE Boot Awards2018」にファイナリストとして選ばれ、二人で Clova スキルのプレゼンをしました。惜しくも優勝は取れませんでしたが、貴重な経験となりました。

　この本の底本は、2018年 10月の技術書典 5にあわせて販売した同人誌でした。「LINE Boot Awards」に向けて作品作りをする中で知見を得られたので、その経験を元に大幅に加筆/修正をしました。特に難しいものではないのですが、知らないと出来ないことってありますよね。基本的なところが乗り越えられたら、自分でできるようになっていくと思うので、このハンズオンが、気持ち的なハードルを解消するお手伝いになれたら幸いです。

第14章　IFTTT

　ここからは、Amazon EchoやGoogle Homeを使うためのプログラムをコードを書かずに生成する、便利なツールをご紹介します。

　量販店の安売りでGoogle Home miniを買ったはいいが天気とタイマーしか使ってなく、押入れにしまっちゃった、という方は、いますぐひっぱりだしてください！彼らの出番ですよ！

14.1　IFTTTについて

　2010年から始まったサービスで、任意のシステムと他のシステムを結びつけて命令を実行させる「レシピ」を作れます。Facebookで写真をアップしたらTwitterで画像つきツイートする、など、HowToサイトをご覧になった方もいるのでは？筆者も、明日雨が降りそうだったらメールするというレシピを、ここ数年使っています。

　プログラムを書く必要なく、パソコンやスマホのブラウザーからぽちぽちとクリックするだけでレシピが作れるため、広く使われてきました。スマートスピーカーが登場してから再び注目を浴びるようになり、SNSやIoT機器のメーカーが沢山つなぎこみをしています。

　一例をあげると、次のようなものが人気です。
・Google Homeでスマホを探す
・Google Homeで部屋の灯とエアコンとテレビを一発でつける (スマートホーム)
・Google Homeで車のガレージのシャッターを開ける (スマートホーム)

　こちらにたくさんのリストがあります。

```
https://ifttt.com/collections/voice_assistants
```

　これらの「レシピ」は、Amazonなどのサービスのオーナーも作れますが、ユーザーも無料で作成でき、自分専用につかうだけでなく一般公開もできます。IoTスマートホーム機器と結びつけるレシピは、自分専用で使う場合が多いですので、おそらくこの何十倍ものレシピが存在するのでしょう。

　なおGoogle AssistantのIFTTTトリガーは日本語対応していますが、Amazon AlexaのIFTTTトリガーは日本語の聞き取りがほとんどできません。そのため、Amazon Alexaに何か特定のキーワードを話しかけて実行させる時につかう「Say a specific phrase」を使ったレシピは日本語ではほぼ動作しません。Amazon AlexaのIFTTTトリガーは日本語に対応していない代わりに、「Say a specific phrase」以外のトリガーもありますので、そちらを使うと便利です。

- 特定のキーワードを話しかけて実行させる、Google Assistant用レシピ
- 特定のキーワードを話しかけずに実行させる、Amazon Alexa用レシピ

これらふたつの両方をご紹介しますので、興味のあるものを使ってみてください。探し方は、IFTTTサイトの画面上のほうにある虫眼鏡の右横が入力欄になってますので、レシピ名を入力すると検索できます。

14.2 Google Homeから家電を操作しよう
レシピ名：「OKグーグル、ルーモス」というと部屋の灯りがつく

https://ifttt.com/applets/XN6WLas5-ok

　筆者が作ったレシピです。「ルーモス」というのは、ハリーポッターの灯りをつける呪文です。呪文で部屋の灯りがつけられたら面白いですよね。

　このレシピではNature RemoあるいはNature Remo miniを使います。[1]これは赤外線リモコンの信号をトレースして、対象家電の近くに置いておくと、ボタンを押さなくとも、赤外線を発行して家電を操作してくれるリモコンです。部屋の照明やエアコンやテレビのスイッチON/OFFをまとめてひとつの「シーン」として登録しておくと、外出先からON/OFF制御できる上に、IFTTTからも呼び出すことができるようになっているので、スマートスピーカーから起動するレシピを作ってみました。

14.3　Amazon Alexaから家電を操作しよう

レシピ名：朝起きたときAlexaのアラームをオフにすると、かわりにエアコンとテレビと灯りをつける

```
https://ifttt.com/applets/VdYBn2FG
```

---

[1].natureは日本のIoTメーカーで、Nature Remo miniは8000円くらい、Nature Remoは13000円くらいで、いずれもAmazonなどで買えます。

　さきほどAmazon AlexaのIFTTTトリガーは日本語の聞き取りがほとんどできないと説明しました。ですが、このIFTTTトリガーでは聞き取りに支障はありません。なぜか？

　実は、Amazon AlexaのIFTTTトリガーでは、買い物リストをチェックしたりアラームを止めるなど、通常のAmazon Alexaの機能を呼び出ししたあとで、IFTTTトリガーと連動する、という機能も提供されています。これはAlexa開発チームが、自分たちに実装できなかった外部連携をユーザーに提供し、DIYで広げてもらおうという意思の現れなのでしょう。とても賢いと思います。非英語圏ユーザーにとって嬉しいのは、これならIFTTTを呼び出す際に英語の縛りがないことです。

　このレシピでは「Alexaのアラームを止めたとき」に「Nature Remoで家電を操作する」という処

理にしてみました。Amazon Alexaを時計がわりに、目覚しとして使う方は多いと思います。そういう方には役に立つレシピだと思います。いろいろアレンジして使ってみてください。

14.4　IFTTTで、Google Home向けのレシピを作ってみよう

「Google Homeで体重を記録する」というレシピを作ってみましょう。日々の体重の記録は、レコーディングダイエットには欠かせないですね。

このレシピでは、Google AssistantとGoogle Sheetを使いますので、あらかじめ、Gmailアカウントを作成しておいてください。

ではスマホ、あるいはPCのブラウザーで、IFTTTのホームページを開きます。はPCのブラウザーでの画面キャプチャですが、スマートフォンでもほぼ同じ内容で編集できます。

https://ifttt.com/

ログイン後、画面右上にある自分のアカウント名をクリックし、「New Applet」をクリックします。

ここからがIFTTTの設定画面です。「This」を指定し、次に「That」を指定するだけで簡単にレシピが作れるのです。古来よりこの設定画面をみてワクワクしなかった者はいないと言われる画面です(笑)さっそくThisをクリックしてください。

虫眼鏡の入力欄にGoogleと入力すると、関連のトリガーがどっと表示されます。この中から「Google Assistant」をクリックしてください。

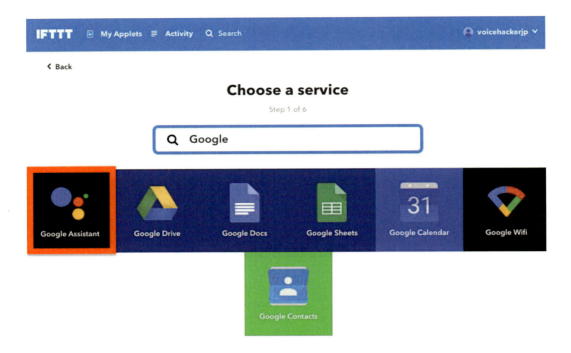

　説明を割愛しますが、IFTTTからGoogleにログインしたことがない人は、ここでログイン画面が表示されますので、ガイダンスにそって認証をしてください。

　認証に成功すると、Google Assistantのトリガー選択画面が開きますので、「Say a phrase with a number」をクリックします。

どういう言葉で起動するのかを聞かれるので、次のように入力します。

・What do you want to say：体重を # キロで登録

・What's another way to say it?(optional)：体重は # キロ

・What another way?：体重 # キロ

・What do you want the Assistant to say in response?：グーグルシートに記録しました。

・Language：Japanese

入力できたら「create trigger」をクリックします。下の図では、見辛いですが「What another way?：体重 # キロ」のところで、「#」の後ろに半角スペースが入ってなかったので、エラーが出てしまっています。#の前後には半角スペースを入れるようにしてください。

第14章　IFTTT　143

　次の画面が出たら「That」をクリックします。今度は、体重を記録するグーグルシートを指定しましょう。

　虫眼鏡の入力欄で「google」と入力します。今度は、先ほどのトリガーとは異なり、実行するもの＝「アクション」として指定できるサービスの一覧が表示されます。Google Assistantは、トリガーとしては指定できますが、アクションとしては指定できないようになってますので、この中に

はありませんね。

「Google Sheets」を選択します。

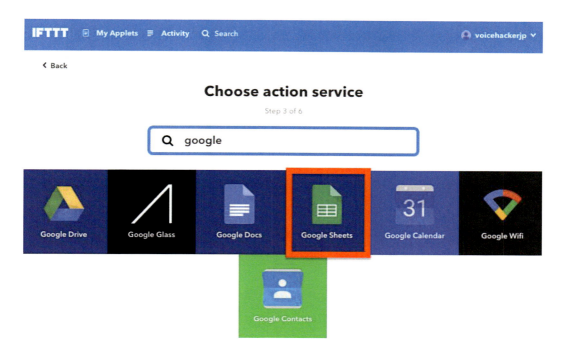

アクションの選択画面が表示されますので、「add row to spreadsheet」をクリックします。

次のように入力します。
・Spreadsheet namr：体重記録
・Formatted row：（編集せずにそのまま）
・Drive folder path：（特に編集せずにそのままでもOK）
入力できたら「create action」をクリックします。

　最後に、レシピ名の入力画面が表示されますので、好きな名前を記入してください。これは呼び出し名ではなく、IFTTTのMy Applets画面で表示される時の名前で、自分にしか見れません。筆者は次のようにしました。「Finish」をクリック。

ここまで行ったら完成です。

では動作確認をしてみましょう。

　Google Homeに、「OKグーグル、体重を55.8キロで登録して」と言ってみてください。「グーグルシートに記録しました。」と応答があれば成功です。

　ちゃんと記録されたか確認してみましょう。パソコンのChromeを開き、「gmail」をクリックしてGoogleにログインすると、右上にメニューアイコンが表示されますので、ここからGsuiteのサービス一覧を開きます。

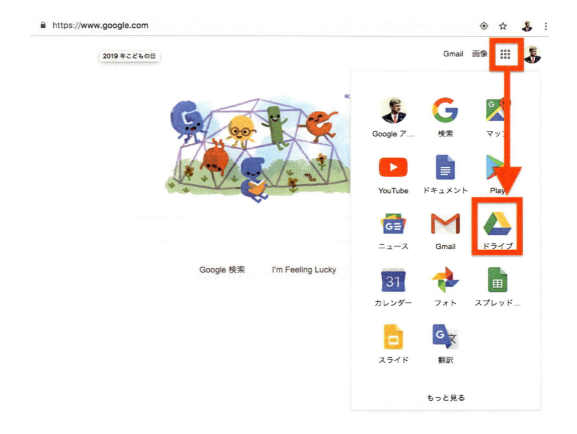

　Googleドライブの「マイドライブ」に、直近でアクセスしたファイルが一番上に表示されているはずです。ここに「体重記録」というファイルがあると思いますので、クリックして開いてください。

第14章　IFTTT　　149

ファイルの中に、今の時間と、体重が記録されていれば成功です！

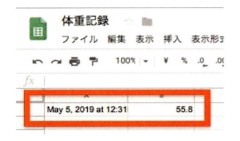

　いかがでしたか？IFTTTレシピはとても簡単に作れることがわかったと思います。これならプログラミングが苦手な人でも、身の回りのITをつなぎわせて、自分専用のシステムを構築できますね。筆者はプログラミング好きですが、猛烈に活用してます。もはやこれがないと生活が成り立たないのではと思います。ぜひ活用してくださいね！

第15章　Alexa Skill Blueprints

　2019年3月26日、Amazon Alexaの公式サイトで、Blueprintという機能が日本でも使えるように
なりました。AmazonのAlexaチームが、家庭内で使うような伝言やお祝いメッセージをテンプレー
ト化して、Alexaのwebダッシュボードからセリフを書き込むだけで、スキルが作れるようにした
ものです。作成したスキルは、自宅のAlexaで使うか、URLを知り合いに送ったりSNSで公開する
ことも可能です。無料で使えます。

- ・春のお便り（画像、音声付き）
- ・お祝い（画像、音声付き）
- ・ありがとう（画像、音声付き）
- ・誕生日祝い（画像、音声付き）
- ・フラッシュカード
- ・パーソナルトレーナー
- ・ルーレット
- ・お母さんありがとう
- ・カスタムQ&A
- ・トリビア

　米国では、Alexa Skill Blueprintsで作ったスキルはAlexaスキルストアで一般公開できるようになっています。この
本を書いている2019年3月27日時点では、日本ではBlueprintスキルはストア公開はできませんが、いずれ公開でき
るようになる可能性がありますので、気長に待ちたいと思います。なお、ストアで公開はできなくても、SNSやメール
でURLを送ることで、家族や知人にスキルを共有する事は可能です。

15.1　Alexa Skill Blueprints でスキルを作ってみよう

　普段使わないので忘れてしまう通帳やパスポートの置き場所を、自宅のAmazon Alexaにだけ教え
ておき、「●●の置き場所どこだっけ」と聞くと教えてくれる、Blueprintスキルを作ってみましょう。

　スマホ、あるいはPCのブラウザーで、Alexa Skill Blueprintsのホームページを開きます。

```
https://blueprints.amazon.co.jp/
```

グリーティング

試してみよう

　上記はPCのブラウザーでアクセスした際の画面キャプチャですが、スマートフォンでも同じラインナップを編集できます。さまざまなテンプレートが並んでいますね。どれも楽しそうで目移りしますが、今回は「カスタムQ&A」をクリックして開きます。

く すべてのテンプレート

カスタムQ&A
Alexaと自由にQ&Aを楽しもう

作成する

カスタムQ&Aのサンプル

"アレクサ、今日のおやつは何"

　　　　　　　　　Alexa: 冷蔵庫のプリンをどうぞ。

"アレクサ、月曜日の時間割を教えて"

　　　　　　　　　Alexa: 1時間目は国語、2時間目は算数、3時間目は体育です。

作り方
1. サンプルQ&Aを参考に好きな内容を考えてください。
2. 質問と回答を入力します。
3. 質問と回答を追加する場合は既存のQ&Aスキルを更新します。新しいスキルを作る必要はありません。

　何ができるのか、どうやって作るのか？がコンパクトにまとめられています。何か覚える必要はありませんので、さっと説明に目をとおしたら「作成する」のボタンをクリックしましょう。

　フォーム画面が開いたら、質問内容を入力していきます。
・言ってみましょう：アレクサ、
・パスポートどこだっけ？
・パスポートどこ
・パスポートの置き場所
・アレクサの答え
・タンスの上から二番目の引き出しの右の引き出しの奥です[1]

　入力できたら「スキルを作成する」のボタンをクリックします。

　使わない段落は消しましょう。

---

1. この回答はフェイクで、筆者の隠し場所はここではありません (笑) そもそもうちにはタンスがありませんし！(^.^)。

　Amazon EchoやEcho Dotと紐づけたAmazonのアカウントでログインします。スマホの「Alexaアプリ」のログインに使っているものであり、おそらくamazon.co.jpで買い物する時のアカウントと同じだと思います。

　Echo ShowやEcho Spotを使っている人は、「Alexaアプリ」を使わずにログインしたと思いますが、設定メニューで紐づけしたアカウントを確認してください。（確認方法はマニュアルを参照ください。）

　初めて作る人は住所等の詳細情報の確認画面が入ります。

1分ほどで完成します。

出来上がったら、Amazon Echoで使ってみましょう。
・「アレクサ、パスポートどこだっけ？」
・「タンスの上から二番目の引き出しの右の引き出しの奥です」

これで完成です。アカウントの紐づけ、住所の入力などで時間がかかるかもしれませんが、フォームで記入するだけでスキルが作れてしまいました。

また、URLを送ることができます。パスポートの置き場所などの個人情報だと無理ですが、クイズやグリーティングカードなら、友達に送ってみてもらうことができますね。

> 通常Alexaスキルを起動する時は「アレクサ、[スキル名]を開いて」と呼びかけて開始しますが、Blueprintスキルの場合、スキル名で呼びかける必要がありません。つまり、「アレクサ、パスポートの置き場所を開いて」ではなく、「アレクサ、通帳どこ」で良いのです。自然ですよね。
> 　個人的な利用だからこそ、技術的にこれで成り立つのだと思っていますが、むしろ今までの「〜を開いて」というのがいかに不自然だったかを認識してしまいました。以前のAlexaスキルは一般公開を想定したものでしたが、スキルの開発はプログラミングあるいはツールを使わなければならず、いくらVoiceflowで簡略化しても、若干のIT的な勉強が必要でした。そういった勉強なしに、ボタンをぽちぽち押すだけで、家庭内のちょっとした伝言板ならこれで作れる上に、呼びかけもシンプルになり、まるで家族に話しかけているかのように使える。
> 　アマゾンの戦略として、もっと家族で使って欲しいという願いが込められていると思います。

あとがき

お客様、VUI温泉のお湯はいかがでしたか？

……ツルツルでもっちもちになった？スキルも上がった気がする？

そうですか！それは良かったです。ありがとうございます。

……はい、昨日のウェルカムドリンクの牛乳といい、牛肉ステーキといい、最高だと……

それは誠にありがとうございます！

やはり、生乳がおいしいと、そのお肉もおいしいんですよね……

そういえば、昨日真夜中に二人で隣の酪農農家に行く二人を見たと……

……ぐぬぬ……見られてしまいましたか。

あまり深く考えないでくださいね。うふふ。

……あっ、そうそう。お土産に筆者たちが当温泉のマニュアル『スマートスピーカーアプリのお品書き』を作ることになった経緯をお話するという御約束でした。

あるお休みの日の出来事……

若女将：「やっぱ、ス○バのクソ小さきクッキーってうまいっすよね」
女将：「せやな。コーヒーもんまい＾＾」
若女将：「我らの年齢になると、これくらいが別腹にはちょうどいいっすね」
女将：「それはそうと。お主、共に書籍を作らぬか。Voice UIの」
若女将：「唐突なスカウトきたー！」
女将：「この広き世の中には、技術書典というイベントがあってだな」
若女将：「……ぎ……じゅ……つしょ……てん？」
女将：「かくかくしかじか（技術書典の説明をば）」
若女将：「はい、やります（ふたつ返事）」

こんな感じで、『スマートスピーカーアプリのお品書き』を書くことに決まったんですね。

ノリとしては軽いところから始まってるんですが、書いていくうちに、自律神経に支障をきたして涙がポロポロ出たり、メッセンジャーでお互いの名前を呼ぶだけのやり取りをしたり。

一体何のためにやっているのか、まったくわからなくなったこともあったんです。

……だけども、だけどっ！

Voice UIが大好きだし、Wikipediaに載るくらいに当たり前にしたいし、

大勢の人が普通に使う世の中がくれば、もっと世界は面白くなると信じているから、

少しでもスマートスピーカーの開発に興味がある人に手にとっていただきたくて。

とにかく、最後まで走りきろうということで、髪を振り乱して、全身全霊で書かせていただきました。

お客様にとって、Voice UIを身近に感じてもらえて、「ちょっと作ってみようかな」と思っていただけるようなものになっていれば幸いです。

当VUI温泉へのまたのお越しをお待ちしております。

どうもありがとうございました。

道中お気をつけて……

図: またのお越しをお待ちしております

著者紹介

元木 理恵（もとき りえ）

2006年1月株式会社サイバード入社。コンテンツ事業の企画・プロデュースに携わる。2016年2月より、Voice UI事業のR＆Dを開始し、Voice UI部の立ち上げに貢献。現在、同部でプロデューサー兼Voice UI/UXデザイナーを務める。Voice UIの各種勉強会やセミナー等でのLightning Talkなど登壇多数。Voice UI/UX Designer Groupや各社と連携してのVoice UI女子会などのコミュニティ運営も行い、
社内外に活動の幅を拡げ、Voice UI界の盛り上げに精力的に貢献している。

伊藤 清香（いとう さやか）

引きこもりニートから一念発起して1999年9月、当時まだスタートアップだった某IT系コンテンツ企業に入社。ここで元木さんと知り合い、ズッ友となる。50案件以上のモバイルWebサイトの開発/運営をへて、2011年からソシャゲへ。開発に携わったバーコードサッカーゲームが日本とアジアでヒットし、香港の社会現象とまでなる。現在は某位置情報プラットフォームベンチャーのCTO。去年3月、サンフランシスコのGDCでAmazon Echo DotをタダでもらったのをきっかけにAlexaスキル開発をはじめた。

◎本書スタッフ
アートディレクター/装丁：岡田章志＋GY
編集協力：飯嶋玲子
デジタル編集：栗原 翔

〈表紙イラスト〉
はこしろ
フリーランスのイラストレーター。書籍の表紙からweb用のイラスト、アナログゲームイラストまで、広く手がける。

技術の泉シリーズ・刊行によせて
技術者の知見のアウトプットである技術同人誌は、急速に認知度を高めています。インプレスR&Dは国内最大級の即売会「技術書典」（https://techbookfest.org/）で頒布された技術同人誌を底本とした商業書籍を2016年より刊行し、これらを中心とした『技術書典シリーズ』を展開してきました。2019年4月、より幅広い技術同人誌を対象とし、最新の知見を発信するために『技術の泉シリーズ』へリニューアルしました。今後は「技術書典」をはじめとした各種即売会や、勉強会・LT会などで頒布された技術同人誌を底本とした商業書籍を刊行し、技術同人誌の普及と発展に貢献することを目指します。エンジニアの"知の結晶"である技術同人誌の世界に、より多くの方が触れていただくきっかけになれば幸いです。

株式会社インプレスR&D
技術の泉シリーズ　編集長　山城 敬

●お断り
掲載したURLは2019年7月1日現在のものです。サイトの都合で変更されることがあります。また、電子版ではURLにハイパーリンクを設定していますが、端末やビューアー、リンク先のファイルタイプによっては表示されないことがあります。あらかじめご了承ください。
●本書の内容についてのお問い合わせ先
株式会社インプレスR&D　メール窓口
np-info@impress.co.jp
件名に『本書名』問い合わせ係」と明記してお送りください。
電話やFAX、郵便でのご質問にはお答えできません。返信までには、しばらくお時間をいただく場合があります。
なお、本書の範囲を超えるご質問にはお答えしかねますので、あらかじめご了承ください。
また、本書の内容についてはNextPublishingオフィシャルWebサイトにて情報を公開しております。
https://nextpublishing.jp/

●落丁・乱丁本はお手数ですが、インプレスカスタマーセンターまでお送りください。送料弊社負担 てお取り替えさせていただきます。但し、古書店で購入されたものについてはお取り替えできません。
■読者の窓口
インプレスカスタマーセンター
〒101-0051
東京都千代田区神田神保町一丁目 105番地
TEL 03-6837-5016／FAX 03-6837-5023
info@impress.co.jp
■書店／販売店のご注文窓口
株式会社インプレス受注センター
TEL 048-449-8040／FAX 048-449-8041

技術の泉シリーズ
スマートスピーカーアプリのお品書き

2019年9月20日　初版発行Ver.1.0（PDF版）

著　者　　元木 理恵,伊藤 清香
編集人　　山城 敬
発行人　　井芹 昌信
発　行　　株式会社インプレスR&D
　　　　　〒101-0051
　　　　　東京都千代田区神田神保町一丁目105番地
　　　　　https://nextpublishing.jp/
発　売　　株式会社インプレス
　　　　　〒101-0051　東京都千代田区神田神保町一丁目105番地

●本書は著作権法上の保護を受けています。本書の一部あるいは全部について株式会社インプレスR&Dから文書による許諾を得ずに、いかなる方法においても無断で複写、複製することは禁じられています。

©2019 Rie Motoki,Sayaka Ito. All rights reserved.
印刷・製本　京葉流通倉庫株式会社
Printed in Japan

ISBN978-4-8443-9893-6

NextPublishing®
●本書はNextPublishingメソッドによって発行されています。NextPublishingメソッドは株式会社インプレスR&Dが開発した、電子書籍と印刷書籍を同時発行できるデジタルファースト型の新出版方式です。https://nextpublishing.jp/